全国高等院校统编教材·设计学类专业

产品设计手绘技法

Hand-painting Techniques for Product Design

杨亚萍 / 编著

U0195322

海洋出版社

2015年·北京

内 容 简 介

本书根据工业设计专业人才培养要求进行编写。

主要内容： 在多年教学和研究的基础上，作者遵循深入浅出的原则，采用循序渐进的编排模式：基础训练—临摹—写生—默写—方案创意表现，旨在逐渐培养学生的手绘技能，最终完成产品设计方案创意表现。

本书特点： 全书以"怎么画产品设计手绘图"和"产品设计手绘图画什么"为本书的总体编写思路。力求以理性的作图说明文字和作图步骤使读者理解产品设计手绘图的目的和学习方法。避免产品设计手绘图仅是停留在画面效果的表现阶段，而是注重产品设计方案草图的清晰表达（产品功能、结构、尺寸、人机、色彩等）。设计手绘图反映的是设计思考过程，是设计工作本质和目的的反映。全书图文并茂，以期读者能掌握一定的手绘技法和在实际产品设计方案草图中的灵活应用。

读者对象： 高等院校设计专业学生。

图书在版编目（CIP）数据

产品设计手绘技法/杨亚萍编著. —北京：海洋出版社，2015.6

ISBN 978-7-5027-9156-8

Ⅰ.①产… Ⅱ.①杨… Ⅲ.①产品设计－绘画技法 Ⅳ.①TB472

中国版本图书馆 CIP 数据核字（2015）第 104071 号

总 策 划：邹华跃	**发 行 部**：（010）62174379（传真）（010）62132549
责 任 编 辑：张鹤凌 张翟嫘	（010）68038093（邮购）（010）62100077
责 任 校 对：肖新民	**网 址**：www.oceanpress.com.cn
责 任 印 制：赵麟苏	**承 印**：中煤涿州制图印刷厂北京分厂
排 版：申彪	**版 次**：2015 年 6 月第 1 版
出版发行：海洋出版社	2015 年 6 月第 1 次印刷
	开 本：880mm×1230mm 1/16
地 址：北京市海淀区大慧寺路 8 号（707 房间）	**印 张**：8.5（3 彩印）
100081	**字 数**：250 千字
经 销：新华书店	**印 数**：1～4000 册
技术支持：（010）62100057	**定 价**：45.00 元

本书如有印、装质量问题可与本社发行部联系调换。

本社教材出版中心诚征教材选题及优秀作者，邮件发至 hyjccb@sina.com

序

　　一天下午正在办公室校对自己的书稿，同事杨亚萍来找，希望我为她将出版的一本书作个序，这本书就是《产品设计手绘技法》。翻看着一页页书稿，我为她努力的成果，为这本书的读者们感到欣喜，欣喜的同时我也想起一件事。

　　前不久，一位中国轻工业出版社的编辑朋友路过嘉兴，顺便过来看我，在聊天时感叹道：现在想找到一本高质量的稿件真不容易，急功近利的浮躁心态影响了图书的质量！是啊，只有踏踏实实、认认真真做学问才能有高质量的好书，但又有多少人能够抵御各种急功近利的诱惑而甘于寂寞！

　　杨亚萍则是一位能耐得住寂寞的老师，她用了近九年时间准备本书资料，又结合自己的科研成果、教学体会以及辅导学生考研究生的经验，认真梳理并概括成《产品设计手绘技法》一书的年轻教师。

　　2006年嘉兴学院工业设计专业产品设计手绘技法首次开课时，急需一位任课教师，刚刚硕士研究生毕业到我院任教的杨亚萍就成为解决燃眉之急的最佳人选。如今，杨老师将自己近九年来担任产品设计手绘技法教学的教学案例、教学思考、教学探索、教学经验、教学成果凝练，水到渠成地汇聚为一本系统性强，充满亮点的教科书。

　　本书的主要亮点体现为，能够从工科学生现有知识结构和能力基础设计教学内容、教学步骤和教学方法，目标明确、案例丰富、细节充实，层次递进，实用性强。

　　与艺术类工业设计专业学生所不同的是，工科背景的工业设计学生在进入大学之前，大多都没有经过系统的速写、素描、色彩写生等绘画训练，因此，视觉造型基础普遍比较薄弱。在进入大学之后，有许多院校的工业设计专业由于总课时等局限，在课程安排时，能够为产品设计手绘技法提供的相关基础课程并不十分充足，能够分配给产品设计手绘技法的课时也很有限。而产品设计手绘技法对于工业设计专业的学生们而言，则是一门对今后事业发展具有重要影响的课程。

针对学生视觉造型基础普遍薄弱的现状，如何在有限的课时内达到教学目标的要求？杨亚萍通过本书提供了一个具有可操作性的解决问题方案。

在本书中，杨老师首先通过问答的方式告诉读者：产品设计手绘过程与纯粹绘画的异同；什么是好的产品设计手绘图；工科类工业设计专业产品设计手绘表现所面临的困难等一系列相关问题。之后则依据工科学生的特点，图文并茂地从最基本的透视理解、线条训练开始，进而循序渐进地扩展到不同工具的手绘技法，然后过渡到工业产品摄影照片写生和实物写生，最后进入产品设计草图方案绘制。

我注意到在书稿中，案例绘制者的名字大多数是嘉兴学院工业设计专业的学生。这些当年的学生，现在有的已经考上了"985"、"211"等国家重点院校的研究生，有的已经成为颇有作为的工业设计师，这些同学都是杨老师产品设计手绘技法教学成果的直接受益者。祝愿有更多的同学能够通过本书受益！祝愿我国早日成为工业设计强国！也祝愿杨亚萍老师有更多对社会有价值的研究成果！

2015年2月于大树金港湾逗号居

郭茂来，中国机械工业教育协会工业设计学科
教学委员会委员，教授

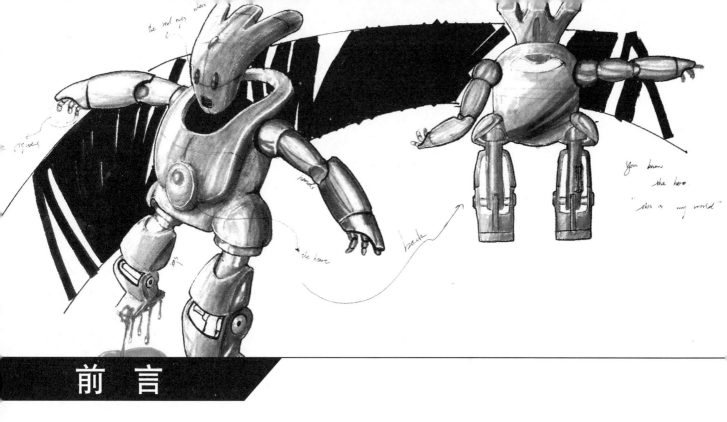

前　言

　　如何使产品更好地满足用户的需求？工业设计的出现和发展可以帮助企业生产出满足用户需求的产品。工业设计的发展也将会帮助中国的制造业转型。在全球一体化的发展趋势中，一个忽视工业设计的企业将很难在现代市场的竞争中胜出。

　　在设计前期，经过市场调研得出设计需求。进而设计人员开始设计构思，设计手绘图可以有效地帮助设计人员表现设计创意，将头脑中的想法视觉化表现，为设计方案的具体化展现进行充分的准备。作者经过多年的产品设计手绘教学，结合教学中学生对手绘方法的具体问题，总结产品设计手绘学习的经验教训，以利于大家的学习。

　　本书的总体编写思路是"怎么画产品设计手绘图"和"产品设计手绘图画什么"。全书力求以理性的作图说明文字和作图步骤使读者理解产品设计手绘图的目的和学习方法。强调不要让手绘图仅仅停留在画面效果的表现阶段，应该注重产品设计方案的清晰表达（产品功能、尺寸、人机、色彩等）。

　　在作者多年教学和研究的基础上，遵循深入浅出的原则，采用循序渐进的编排模式：基础训练—临摹—写生—默写—方案创意表现，旨在逐渐培养学生的手绘技能，最终完成产品设计方案创意表现。本书共分为5章内容。第1章绪论，旨在明确设计手绘的相关疑问：产品设计手绘的重要性、产品设计手绘发展过程、产品设计手绘相关的课程等。第2章透视，强调透视准确是产品设计图的根本，一旦透视变形，就会影响产品造型的理解；采用临摹优秀线条图的训练方法，以便理解产品的透视画法。第3章产品手绘线稿，重在强调产品线条图训练方法；在临摹优秀线条图的基础上，利用线条重构产品形态，以便理解线条是构建产品形态的根本。第4章常用产品设计手绘技法，结合常用绘图工具（彩色铅笔、马克笔、色粉等），通过详解绘图步骤和点评案例，帮助读者熟悉常用产品设计手绘技法；采用临摹、写生、默写的训练方法，在掌握产品手绘技法的同时，从产品的形态、材料、结构、人机关系等理解产品。第5章产品设计手绘方案草图综合表现，即快题表现，从设计草图版面总结如何将产品特征表现清晰？采用快题设计训练方法，应用手绘技法表现产品设计创意。

本书主要有以下特点。

（1）因本教材注重实用性手绘技法的学习，故采用图文结合，力求提供给读者明确的作图技法指导。

（2）全书注重前后章节知识的连贯性，使初学者得以一步一步地分阶段学习产品手绘技法，不至于无从下手；全书亦注重前后章节知识的阶梯性。使有一定基础的读者得以选择适当的章节学习。

（3）全书注重教学目标，以产品设计方案清晰展现（产品功能、尺寸、人机、色彩等）为最终目的，并非一味强调画面绘画效果。

（4）培养学生快速、准确地把想象与构思视觉化，力图提高想到就要画出的快速表现能力。

本书适合高等学校工业设计专业学生使用，也可作为其他艺术设计类专业、高职高专相关专业学生和其他工业设计从业人员使用。

由于编者水平有限，书中难免有不足之处，敬请读者批评指正。

作者
2015年2月

目　录

第 *1* 章 绪 论

第一节　产品设计手绘的认识

一、产品设计手绘的重要性

产品设计手绘存在于设计过程中，可以肯定地说它很重要。现通过以下两点来理解。

1.设计手绘在设计过程中表达设计思维

产品设计手绘图（即设计草图和效果图）是设计过程中不可缺少的部分，存在于设计过程中的设计构思阶段（探讨和推敲设计方案）、设计方案展示阶段。设计图比单纯的口头解释更容易理解。设计草图不仅有记录和表达的功能，它同时还反映了设计师对方案进行推敲和理解的过程。因此，设计图上会包含主题名称、产品预想图、文字注释、色彩的思考、结构的推敲和局部视图的表达等内容，目的就是清楚地传达设计师的设计构想。设计草图就是依靠文字与图像的恰当组合，使设计概念清楚地表现出来。因此，产品设计手绘表现是整个设计过程中的一个重要环节。设计手绘注重的是产品造型的思考，是思维的问题；而手绘技法的掌握是训练的结果，是技能的问题。技能的问题只要勤加练习，就可以解决，而设计思维的问题则需要很多长期的多方面的思考才能解决和提高。

2. 设计手绘是设计师必备的技能

手绘可以在短时间内将设计师的创意表达出来，一个好的设计师应该善于运用手绘来表达自己的设计理念。

设计手绘是设计师的特殊语言。迅速而多样化地表达设计师的不同设计构想，同时方便他人提出修改意见，以便顺利进行设计工作。

设计手绘是设计领域的沟通桥梁。现代设计是团体化，包括设计者、制造者、使用者。设计师只有在相互交流中才能创造出最有利于产生具有美感且受欢迎的设计图稿。

设计手绘能够帮助设计师记录下自己稍纵即逝的灵感。

对于设计师来说，手绘是一项基本的技能，它是一种交流的工具，设计师们必须经常以视觉化的方式表达他们的创意。尽管有很多方式都可以实现这一目标，但手绘却是方便、经济和有效的工具，它能快速地阐明设计师想要表达的创意。尽管绘图的首要目的是进行交流，但一张高质量的手绘图同时也能够反映并记录设计师的设计意图及其设计情感。一幅精彩的设计图可以表达出设计师向客户传达的信息。好的设计图还能呈现合适的环境，并为设计创造出一种氛围，从而暗示出消费群的特点以及潜在客户。此外，作为设计师，如果能够掌握好手绘，就会节省很多用口头表达设计思想的时间。手绘表现是一种最原始的方法，也是最实用的方法，因此很多设计师仍然广泛采用灵活的手绘来表现自己的设计灵感。工业设计行业在招聘设计人员时也会把手绘作为一项重要的能力加以考查。

二、产品设计手绘图经历怎样的发展过程

随着作图工具的更新和对设计图的要求，产品设计手绘图经历了如下的发展过程。

1. 逼真的手绘效果图

（1）水粉、喷笔等湿画法。在计算机及设计软件还没有应用到设计中时，只有用足够逼真的效果图才可以展示出设计方案。

这种效果图需要相当扎实的美术功底，绘制的周期也比较长，如喷笔或者喷枪、水粉等效果图。由于在颜料中加入了水，作图时间拉长，费时费力。当计算机及设计软件用于表现效果图时，逼真的手绘效果图逐渐淡出。在设计方案确定时，计算机及设计软件可以多角度表现照片级的清晰效果图，在设计方案展现阶段，应用得很广。

> **注 意**
>
> 　　喷笔及使用，如图1-1所示。喷笔可以均匀地喷涂颜料，可以更好地控制颜料的厚薄以表现色彩轻重、明暗等细微差别，易于大面积喷色而不产生色差；可以自由地根据设计需要，调和出各种色彩。但作图需要细心，费时费力，不适合快速表现。

图1-1　喷笔及使用

　　（2）马克笔、色粉干画法。相对于水粉画法、喷笔画法，利用马克笔、色粉，作图过程不加入水，作图速度大大提高，也可作出精细的产品手绘效果图。这方面的代表人物是：日本的清水吉治。他应用马克笔、色粉、尺规作图，开创了新的绘图方法。作图时，先画好产品线图底稿，再用尺规（直尺、曲线板、圆板、椭圆板等）规范作出精致的线图，进而着色，修整。如图1-2所示。

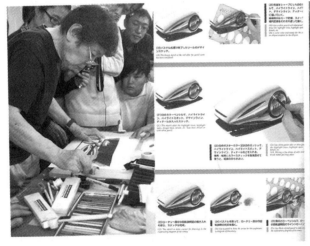

图1-2　清水吉治手绘作品

2. 说明性的产品设计手绘图

　　这方面的代表人物是刘传凯。其作品如图1-3所示。借助水溶性黑色彩铅勾线，结合马克笔快速上色，再用暗色彩铅刻画出阴影、明暗交界线和其他产品细节，画面中产品特征清晰明了。其画法严谨，结构表达准确，用结构线辅助表达面的形态走向，善于运用结构爆炸图对产品进行说明；并且习惯用箭头引出一些细节和其他视角的图，使画面的表达性更强。在表达完善产品的外观、结构及细节的基础上，多添加一些使用情景加以辅助说明。说明性画法的辅助线、爆炸图、场景辅助说明等，都将手绘图的"说明"功能发挥得淋漓尽致。产品设计手绘图就是清晰解释产品特征的"说明文"。

这种说明性的设计手绘图注重产品方案推敲、注重细节特征的表现、注重产品结构、使用方式的体现，也注重快速表现。不再一味地追求设计方案的最终效果，不再是单纯的效果图。

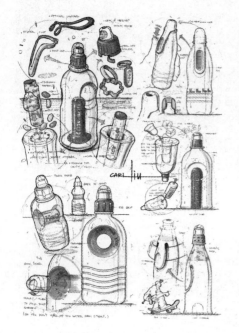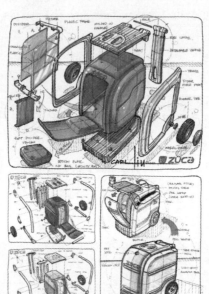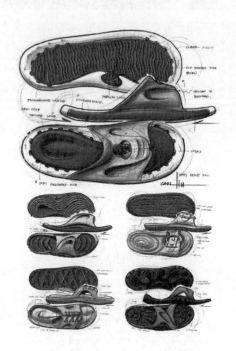

图1-3　刘传凯手绘作品

3. 手绘和计算机软件结合的设计图

在设计早期构思阶段应用说明性设计手绘图，易于读懂、看懂，可以进行充分交流。现在计算机辅助设计作图，汲取手绘和计算机软件技术两者优点，产生新的混合手绘技法。手绘线稿后，可以将线稿扫描，运用Photoshop等平面软件进行渲染；也可以应用绘图软件，如Photoshop或者Painter等，用手绘板或者手绘屏直接绘制线稿，随后对其进行材质处理，让方案表现图看起来更加细致。还可以加入一些使用场景图片，不但突出产品特征，而且快捷、有效地传达了产品的使用感受。纸面上的手绘和利用电脑的手绘方法十分类似，软件中的调色板和笔刷与实际中的工具作用大致相同，但熟练的徒手绘图能力则是基础。

在设计定案或展现阶段，应用二维（Photoshop等）或者三维（Rhino等）计算机软件辅助作效果图，易于展现最终的设计方案。所以，在现代设计中，手绘图适合应用于设计草图阶段，而精细的效果图运用计算机辅助作图即可，可以说手绘和计算机绘图是设计绘图的"双刃剑"。

三、产品设计手绘过程不是纯粹的绘画

产品设计手绘过程不是孤立的，不是纯粹的绘画，是融合产品设计知识于其中的思考过程。

绘画是表达绘画者主观的内心感受，是精神领域内的自由艺术；而产品设计表现传递的是设计者创意构想，表现的是建立在透视原理基础上的理性透视图，呈现的是产品设计造型语言，设计图最终是要转化为产品并走向市场。产品设计手绘表现不是纯绘画艺术的创造，不是为了表现而表现，而是在一定的设计思维的指导下，把符合生产加工条件的产品，通过可视化的手绘技法，将形态、色彩、材料质感、加工方法和产品结构，尽可能全面、清晰地表现出来。手绘水平很高的人若不了解产品设计的实质，其图面表达也只能停留在绘画的表达上。对于学生来说，不仅要知道怎么画，更重要的是知道画什么。

产品设计手绘是探索产品造型表现能力的有效手段，是整个教学体系中一个承上（设计表现基础）启下（产品设计）的重要环节，强调的是设计的艺术性（设计审美）和生产性（设计理性化、设计语言最终要能转变为可生产的实际产品）的相互统一。它的表现过程应充分考虑产品的功能、结构、材料、加工、色彩等诸多因素，并以视觉化的设计语言说明其设计内容。所以说产品方案手绘过程不是简单的绘画，而是融合产品设计知识于其中的思考过程，是说明设计问题、阐述设计思想的图稿。对于设计专业的学生来讲，将思维过程表达出来的绘画方式要优于直接的效果图表现。因为这不仅是思维过程的展现，而且是思维方式的探索。单纯的手绘效果图练习不能够体现产品设计的思考过程，更甚者是技法的流露。缺乏思维单纯进行手绘训练，或只有思维而表现能力达不到，都不能很好地表现设计方案。

四、产品设计手绘图在设计的不同阶段的要求

在设计过程中的不同阶段，思考的内容不同，表现技法也不同。

1.方案构思阶段：构思草图—和自己交流

方案构思阶段指在产品设计初期策划和造型设想阶段，凭借想象绘制出头脑中的造型。它是对整体造型感觉和基本思考方向的概括描绘，是一种简化的图形表达形式，称为构思草图，比较简略。

这些草图只要设计师个人看得懂就可以了,这个过程是设计师与自己的交流过程。只要表现出大概的形态和产品设计的主要特征就可以。在绘制构思草图时,因为要快速记录构思,所以不限制工具和表现方法,圆珠笔、彩色铅笔等都可以,随自己喜好。从构思草图的数量来说,要求这个阶段的草图量越大越好,针对同一个设计主题,必须是几十幅甚至是几百幅,这样才能从中挑选出最有价值、最新颖的构想。

2. 方案讨论阶段:深入草图——和同行交流

多个设计方案草图需要与其他设计人员进行讨论,这时的设计草图需要别人明白才可以。产品设计的造型细节、功能、使用、配色、材质等都要表达清楚,详细说明设计方案。

3. 方案确定阶段:效果图——和非设计人员交流

设计草图在经过讨论,探讨出一个最终方案时,需要进行最终效果图的绘制。不仅让设计师看得懂,还要让非设计人员看得懂。设计图定稿后,在生产制造前还要进行试制、检验等,有可能还要作细节的调整。

第二节 产品设计手绘的学习方法

一、什么是好的产品设计手绘图

好的手绘图并不一定就是漂亮的手绘预想图,有时可能是简单笨拙的笔触,但也能将自己的设计理念表达得淋漓尽致。好的手绘是将设计师的创意想法很快表达出来的一种方式。好的设计手绘图可以完整地表达出设计师的理念,而不是简单的、单独的、漂亮的效果图。好的设计手绘图是在设计思路的指导下,遵循透视规律,表现有特点的产品设计方案。

二、产品设计手绘的学习目的

设计手绘教学是培养学生快速、准确地把想象与构思视觉化。在产品设计手绘技法的学习过程中,需要学生积极参与,并且强调带着设计目标学习产品设计手绘。不论采用临摹、默写、写生还是其他方法,都是以产品设计方案的思考及设计方案手绘展现为目的。

三、产品设计手绘的相关课程

产品设计手绘的目的是获得清晰的产品表现图。设计图图面需要哪些内容？什么样的设计图才能清晰的表达产品方案？这与其他的产品设计课程内容分不开，如《设计色彩》《人机工程学》《设计材料及加工工艺》等。

1. 产品设计手绘课程体系

产品设计手绘是操作性很强的实践课程，并且产品设计是有目的的活动。学生必须在理解产品设计的基础上进行设计构思。所以在课程前后设置中应考虑必要的先修课程：一部分是造型技法课程，解决怎么画的问题；另一部分是产品设计专业课程，解决画什么的问题，如图1-4所示。综合这两部分课程，有望绘出有实质性的产品设计手绘图。

2. 造型技法基础课程

（1）设计素描。很多学生不能很好地表达设计构想，就是不能很好地展现空间的透视效果。透视准确、表现视角合适是表现产品的基本要求。设计草图与效果图的表现离不开绘画，而一切绘画的基础又是素描。表现产品，首先要选择好视角，即在什么角度观看能最大限度地表达产品的特征。如果视角选择合适，可能一两个视图就可以表达清晰，设计人员就会把更多的时间和精力投入到方案推敲中，如用户使用时是否舒适等问题。设计素描是专业学生第一次接触的技法基础课程，对于后续的产品表现技能有很大的影响。

（2）设计速写。设计速写是快捷、方便的设计语言，不受时间与工具的限制。设计速写可以为设计创作收集创意资料、快速表达、传递设计构思、不断提高基础能力和设计修养。

对于绘画底子薄弱的工科工业设计专业学生来说，经过素描课程后，对于物体形态的把握基本到位，但还做不到得心应手，主要表现是手、眼、脑协调性弱，笔尖流动出来的图形不是自己想要的，一遍一遍地使用橡皮擦掉后重画。因此，在教学中要遵循"先临摹后写生，先简后繁"的原则。在速写训练前期，可以找些透视准确、表达流畅、粗细虚实有变化的线条图来进行临摹，基础差的同学可以先使用铅笔练习，基础较好的同学建议直接用不可擦笔迹的笔，如签字笔或者彩色铅笔。因为使用不可擦的笔时，在作图之前就要对所临摹的对象进行仔细观察，并形成腹稿，下笔后的每一笔不能出现大的错误，对整体形态的控制能力要求较高。即便出现小的失误，也可以在画面上弥补。经过一段时间用不可擦的笔进行练习，学生对产品形态的控制能力就会提升。反之，使用可擦的笔作速写，在学生的头脑里有画错重来的潜意识，即使画错了，也可以再纠正，延长了速写时间；严重的会缺少仔细观察，逐渐养成下

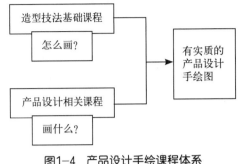

图1-4　产品设计手绘课程体系

笔前思考不谨慎的不良习惯。经常进行速写练习，可以增强行笔力度以及对形态的控制能力。根据个人不同的兴趣，对动物、植物或者工业产品进行写生，抓住对象的主要特征，进行概括，提炼，对设计表现有很大帮助。

3. 产品设计相关专业课程

（1）设计色彩。产品的色彩设计是指对产品色彩的构想、分析、归纳、调整。产品色彩方案构思和产品的形态构思同时出现，相伴而生。在设计草图上有些只是产品色彩的概括，方案深化期出现了色彩的分析和调整。在效果图上结合形态、材质、肌理等元素，体现产品色彩的个性特质。

（2）人机工程学。虽然在产品设计手绘图中，人机关系的表达如人体尺寸，不会像工程图那样精确。但是，对于产品所涉及的人机关系，必须在构思时慎重考虑，必要时应在方案表现图中示意清晰，以简图或者文字标识，抑或是两者结合。

（3）设计材料及加工工艺。在方案构思视觉化时，需要展现设计材料，如皮革、木材、塑料等，使用何种加工工艺？产品的结构怎样设计？不同的产品根据不同的功能，选用不同的材料，需要不同的加工手段，如塑料件注塑、金属铸造（金属液态成型）等。这就要求学生具有材料与加工工艺的知识。虽然学生的知识水平和实践经验还很不足，考虑不全面，但是学生要有设计图最终是以生产来实现产品实体化的强烈意识。产品设计图的目的不单给人赏心悦目的美感，更重要的是对产品从形态、材质、结构和加工等方面展现清晰且有用的图，是对后续设计工作有重要导向和推进作用的设计依据。产品的爆炸图，对于深化方案、实现加工可行性、与工程人员交流都有积极的作用。这方面刘传凯先生有较深入的研究，在他的产品设计图中都有清晰的体现。

基于以上两部分课程的铺垫，学生掌握了造型技法基础，提升了产品形态概括速度，加上专业课程对于产品设计的实质做了支撑，使学生从产品形态、色彩、材料、加工方法、使用对象、人体生理心理感受、操作动作等方面构思产品方案，将构思过程应用设计手绘视觉化。学生在进行产品设计综合表现时，自觉体现设计表现图的功能意识，使设计表现的综合能力得到明显提高。

四、练习产品设计手绘的方法

产品设计手绘技法的学习，实践性强，只有通过大量的练习，由量变达到质变，才能巩固所学内容。练习过程记录如图1-5所示。

图1-5 练习过程

1.分阶段练习

分阶段练习过程如图1-6所示。

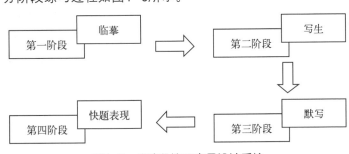

图1-6 分阶段练习产品设计手绘

（1）第一阶段：临摹优秀产品设计手绘图。学习产品设计手绘表现的图示技法，利用多种快速表现工具（彩铅、马克笔、色粉等）从形态、色彩、材质三方面综合清晰表现产品设计方案。思考表现工具的特点，注重表现技法学习。临摹优秀作品，从单个线条图、单个上色图到设计方案草图展版版面表现，研究各种不同的表现方法和风格，从中找出一些规律性的知识，要注意体会作者对产品的观察、理解以及作图的程序和手法。

（2）第二阶段：写生。通过写生过程，自行观察（练眼）、思考（练脑）以及表现（练手），以线条图为基础，进而加深对各种不同的表现技法的理解和真正掌握，做到眼、脑、手的协调；同时，在观察、理解、绘制产品的过程中，加深对产品造型、功能的理解。

产品照片写生。照片为绘图者提供产品观察视角、光影明暗。依据产品照片提炼轮廓，在常用手绘技法训练的基础上，应用手绘工具，思考应用哪些表现工具和方法进行绘制（马克笔技法表现？还是彩色铅笔技法表现？等），清晰表现产品特征，注重表现结果。

产品实物写生。通过观察实际产品的功能、结构、材料、色彩，综合应用手绘表现技法，达到清晰表现产品特征的目的。

（3）第三阶段：默写。默写即独自绘制产品手绘图，边想边画，边画边想，从线条默写开始，逐渐过渡到产品着色。这个过程是从参考他人作品绘图到自主绘制设计图的过渡阶段。

（4）第四阶段：快题表现，综合手绘表现。在规定的时间内，应用手绘工具，针对设计主题进行设计构思及设计图综合手绘表现。设计一款产品，用手绘的形式在纸面上表现出来，并不要求学生绘制出精美的效果图，而是应充分表达出自己的设计思考。

在本阶段中，注重设计思路的推敲及设计方案手绘表达方法的应用，训练学生系统的设计思维能力。从产品功能、结构、人机、色彩等方面清晰再现设计构想，进一步推敲设计方案，使得设计过程顺利进行。学生在纸面上可以表达产品的多种设想，注重设计思路的演化；并且图像表达方式多方面，如设计概念展示图（训练学生用图形的方式表现怎样从一个需求、形态、概念逐步创造出一个具体的产品）、剖面图、局部细节放大图（为特别表现某些产品的功能与造型，需要对产品的某一部分进行放大处理）、产品使用场景图等。另外，在此基础上，培养学生设计方案的综合表现能力。设计表现是一种清楚的、可用来交流设计方案的图示语言，而不再是令学生望而生畏的"难题"。

2. 互相交流学习

在学习过程中，从设计论坛、网站等多处共同搜集优秀方案手绘图，分组讨论，积极思考：

手绘图中的产品视角选择

断面辅助线的应用

画面背景的处理

……

在互相交流中汲取经验，总结教训。在学习过程中，对于优秀的学生作品，作为特别案例，由设计者自己讲述在设计手绘中遇到哪些问题以及应如何解决，充分发挥身边的榜样在群体学习中的力量。

在学习与练习过程中还要注意交流，点评彼此的作品，会有助于技法的提升，如图1-7、图1-8所示。

图1-7 优秀习作展示与分享

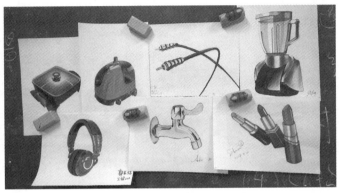

图1-8 优秀习作的展示与分享

3. 鼓励手绘技法个性化

依据"学以致用"的原则，在清晰表现产品特征的前提下，要善于突破原有技法，借用其他工具或者辅助材料达到视觉上的清晰表现，鼓励形成个性化的手绘技法，鼓励在学习中摸索并形成属于个人风格的手绘技法。

五、工科类工业设计专业产品设计手绘表现面临的困难

1. 工科类学生美术基础薄弱

工科类工业设计专业学生在进入专业学习前，很少接受过美术基础训练，对绘画基本技法更是一知半解。设计素描、设计色彩等前期造型基础课程的开设，再加上设计表现课程的结合，在一定程度上能够培养学生的造型能力和艺术审美素质。但是很多工科类工业设计专业的学生在这些课程结束后，可以熟练进行产品手绘表现的为数不多，大多数学生也只能够临摹出和原稿一样的效果图，自己的构思却无法清晰表现，进步慢的学生对产品的透视还不能准确地掌握。这些不足使得有些优秀的设计概念因不能清楚表达出来而被扼杀。或者有些学生因不能表达出设计构想而放弃进一步推敲设计方案，造成很多遗憾，久而久之，使得学生产生挫败感，对设计专业的学习信心缺失，减弱了学习的热情，这对以后设计工作能力的培养或进一步专业深造带来了很大的负面影响。

2. 部分学生对产品设计手绘有排斥心理

现在应用电脑参与设计，实现了逼真的产品方案展示。设计表

现是用手绘还是用电脑制作？国内外设计界都已经确认了设计手绘图的重要地位。虽然文字也能表达设计构想，但在抽象思维阶段的文字局限太大，文字对形态的描述形象概念过于模糊，这就要求设计师把自己的设计构思使用通俗易懂形象化的视觉语言表现出来。简练快捷，富有人情味又有个性、随意性强的手法，是设计人员不可缺少的专业技能。

工科学生理性思维能力强，感性思维相对缺乏，加之美术功底薄弱，对设计表现方法中的手绘重要及必要性认识不足。而且，随着计算机在教学中的应用，部分学生认为手绘过程中的问题都可以用计算机来解决，忽视了手绘的作用，甚至有些学生还抵制手绘表现。**所以，在学习过程中需要解决的首要问题是理解设计手绘和计算机是清晰表达设计方案的"双刃剑"。设计手绘是推敲、交流设计方案的有力方法，是计算机绘图前的方案思考阶段。设计手绘图只要有合适的方法和大量的练习，是可以做到清晰表现产品特征的。**

六、全书内容导读

结合上述学习方法，本书全文导读如表1-1所示。

表1-1 《产品设计手绘技法》全文导读

内容	学习方法	目的	训练阶段
第1章 绪论	仔细阅读、赏析优秀案例	明确设计手绘的学习意义，鼓励学生认真用心学习	认识
第2章 透视 第3章 产品手绘线稿	不厌其烦地练习；临摹优秀产品线条图	掌握绘图基本功	临摹
第4章 常用产品设计手绘技法	优秀手绘案例解析、讨论 练习：临摹优秀产品设计手绘图	学习常用表现技法（彩铅、马克笔、色粉等）	临摹
	优秀手绘案例解析、讨论 练习：照片写生	应用表现技法进行产品表现图绘制	写生
	优秀手绘案例解析、讨论 练习：实物写生	观察实际产品的功能、结构、材料、色彩，综合应用表现技法，清晰表现产品特征	写生
	优秀手绘案例解析、讨论 练习：默写优秀产品设计手绘图	启发学生回忆、思考、巩固手绘技法	默写
第5章 产品设计手绘方案草图综合表现	应用产品设计理论启发学生进行设计快题训练，注重设计思维的推敲及方案手绘表现方法的应用	训练学生系统的设计思维及方案展现能力	快题表现

将临摹、写生、默写，快题表现四个阶段相结合，从基础到提高，在实践中提高应用能力，解决很多学生仅能临摹而不能表达自己设计构思的诟病。以"画什么"和"怎么画"为研究目标，清晰表现设计构想。由慢到快、由简到繁，循序渐进地进行训练，最终可以充分表达自己的设计构思，视觉化产品设计方案。

第2章 透 视

教学目标

掌握透视基础、产品透视图的绘制。

教学重点

产品透视图的绘制。

教学难点

产品透视图的绘制。

绘图材料

A4打印纸、A3绘图纸、绘图铅笔等。

一、透视的基本概念

最初，透视是采取通过一块透明的平面去看景物的方法，将所见景物准确描画在这块平面上，即成该景物的透视图；后遂将在平面画幅上根据一定原理，用线条来显示物体的空间位置、轮廓和投影的科学称为透视学。

透视是实现设计表现的重要手段之一。透视理论建立在人眼的生理结构以及眼睛在借助光线观察物体时所获得的透视感觉的基础上。透视是一种符合正常视觉感受的科学变形。透视能在两维空间上较真实地再现出人们所见的三维立体。

透视的规律：近大远小、近粗远细、近疏远密、近宽远窄、近实远虚。

图2-1　汽车透视图

图2-2　马路透视图

由于眼睛的特殊生理结构和视觉功能，任何一个客观物体在人们的视觉中都具有近大远小、近清晰远模糊的变化规律。如图2-1所示，汽车的前后轮是一样大的两个正圆，但在图示的视角下，由于透视关系，变成了前轮小、后轮大的椭圆。如图2-2所示，一条马路从头到尾都是一样宽窄，但人们站在近处遥望远处的时候，就变成了图示的近宽远窄，且两条边界线相交于远方。这些变化，并不影响人们对物体的理解，因为当我们观看这些透视图时会不由自主地根据过去对生活中的物体的理解来校正自己看到透视图时的感受。

二、如何理解产品透视

我们需要在生活中观察与探究。如圆口水杯的圆口圆底是正圆，当杯口和视平线齐高的时候，杯口还是圆的吗？当我们俯视水杯时，不同的视高、视角，杯口的椭圆有变化吗？如图2-3所示。同样，观察圆口水杯的杯盖，当用不同的视角或者视高观察时，有怎样的变化？如图2-4所示，圆形杯盖只有当完全俯视时，轮廓才是正圆（最后一个图），其余均为不同程度的椭圆。

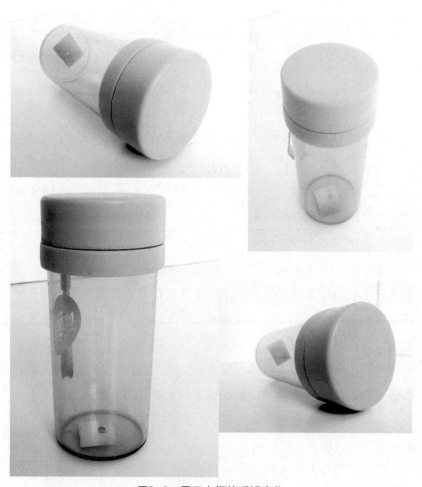

图2-3　圆口水杯的透视变化

三、常见透视法

1. 一点透视

一点透视也称为平行透视（焦点透视）。当方体三组平行线中的两组平行于画面时，只有与画面垂直的那组线形成透视，相交于视平线上的消失点，且只有一个消失点，如图2-5所示。因为近大远小的变形，所以形体产生了纵深感，主要适合表现大部分特征在同一个面的产品，如电视机、空调、冰箱等，如图2-6所示。

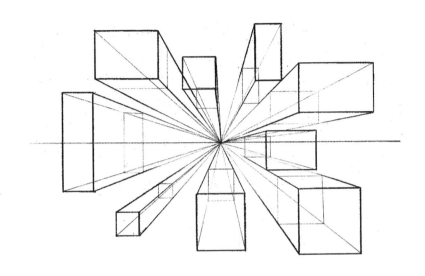

图2-5　一点透视（嘉兴学院　工设122　曾鹏）

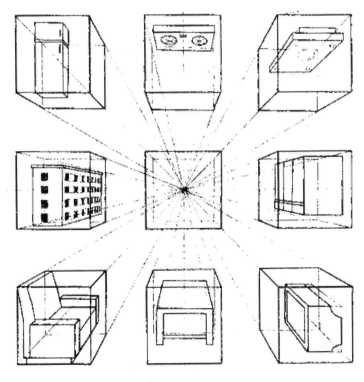

图2-6　一点透视

图2-4　圆形杯盖的透视变化

2. 两点透视

两点透视也称为成角透视。当方体只有一组平行线（如高度线）平行于画面时，其余两组平行线（长、宽线）各向左右方向延伸，交于视平线上的两个消失点。由于左右两个面均与画面成一定的角度，故称为成角透视。如图2-7所示。

两点透视图形立体感较强，符合正常视角的透视，适宜在产品设计中表现产品特征。

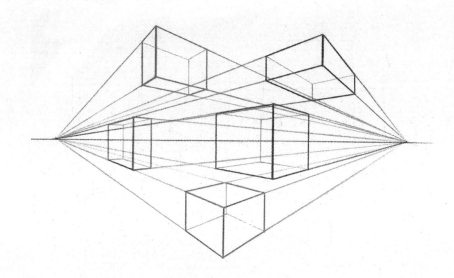

图2-7　两点透视（嘉兴学院　工设122　曾鹏）

按照两点透视分步骤绘制产品。

（1）定出视平线位置及左右两个消失点，绘制出产品的大体框架。如图2-8所示。

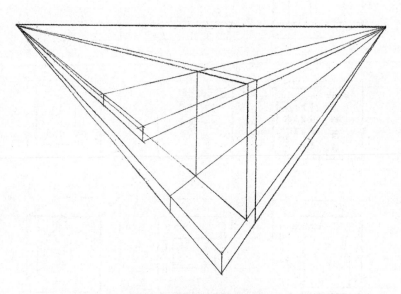

图2-8　绘制产品大体框架

（2）以消失线为辅助，绘制出产品的大块特征。如图2-9所示。

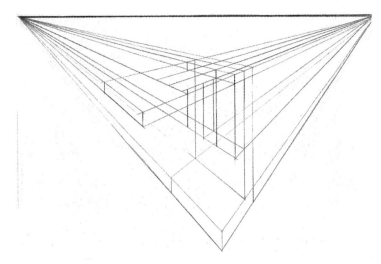

图2-9　绘制产品大块特征

（3）逐步绘制产品圆角，刻画产品细节，注意符合两点透视关系。如图2-10所示。

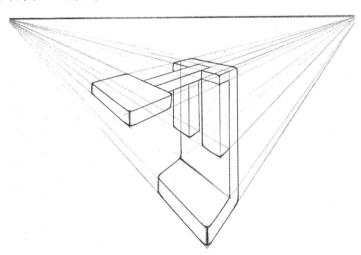

图2-10　刻画产品的细节

（4）逐步绘制其他细节。根据两点透视关系推理得到最终的线稿图。如图2-11所示。

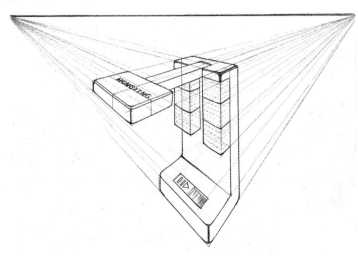

图2-11　绘制其他细节（嘉兴学院　工设122　曾鹏）

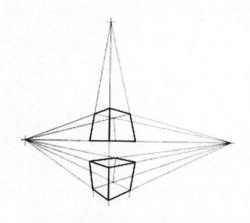

图2-12　三点透视

3.三点透视

当立方体的三组平行线均与画面呈一定角度时，这三组线均有一个消失点，如图2-12所示。三点透视常用于加强透视纵深感，表达高大物体，如大型的建筑物和高大型产品。

4.极限透视

极限透视，给人感觉透视很急剧，从物体靠画面最近的部分到消失点收缩得很厉害。运用这种手法的设计图，设计师选择了极端的视角而产生夸张的透视关系，画面效果看起来非常震撼。如图2-13、图2-14所示。

图2-13　极限透视一

[图片来源：《产品设计手绘技法》（荷）
库斯·艾森，罗丝琳·斯特尔]

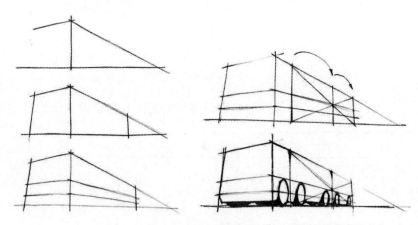

图2-14　极限透视二

[图片来源：《设计素描：基础》（荷）库斯·艾森，罗丝琳·斯特尔]

这种非常低的视角似乎是地上的青蛙从地平面向天空的仰视角度，这种类似地面上青蛙仰视视角所形成的透视关系也被称为蛙眼透视。极限透视的优点在于使物体看上去高大挺拔，富有强大的视觉冲击力。水平方向的平行结构线因受到极限透视关系的影响而在不远处相交形成消失点。

5. 圆透视

（1）正圆透视。正对着我们的圆的透视是： 它内切于一个水平放置的正四边形。只要找出它的切点，就可以画出一个椭圆。此时这个水平放置的正四边形是一个正梯形，而这个圆是一个长轴呈水平的椭圆。如图2—15所示。

（2）水平圆透视。当水平圆不是正对着我们时，它的透视是：内切于一个斜梯形；椭圆的长轴不是水平的而是倾斜的。如图2—16所示。

（3）垂直的圆透视。当圆心与视平线一样高时，它因透视形成的椭圆也内切于一个竖起来的正梯形，椭圆的长轴此时是垂直的。当它侧面正对我们时，圆变成一条垂直的竖线。越往两端，则椭圆越饱满。完全转过来时就成为一个正圆。如图2—17所示。

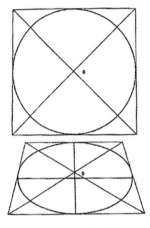

图2—15　正圆透视

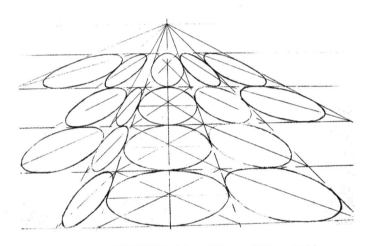

图2—16 水平的圆透视（嘉兴学院　工设051　鱼游）

图2—17 垂直的圆透视（嘉兴学院　工设051　鱼游）

19

第**3**章 产品手绘线稿

教学目标

掌握产品线稿的绘制。

教学重点

产品形态的线稿控制。

教学难点

产品形态的线稿控制。

绘图材料

A4打印纸、A3绘图纸、绘图铅笔、圆珠笔、签字笔（水笔）。

产品手绘线稿指的是用线条绘制的产品设计图。线条是产品设计手绘的基本功，是产品造型的骨架和核心。线条练习需要耐心、反复。线条练习也可作为画图前的热身训练。

在绘制线条时，不要只动手腕。要使手腕和小臂保持相对固定，以小臂带动笔尖绘制线条，这样才能使线条稳定有力，且可以绘制大范围的线条。视野越大，笔所能控制的范围越大，画出的形态就越整体，也较易把握透视关系。

一、直线的练习

在纸面上任意定出两点（这两点不一定在纸面显示出），将笔尖定于起点位置，同时将目光移至终点。在笔尖接触纸面前，在纸面上方空画几笔，然后再用笔接触纸面，注意力集中，在纸面上画

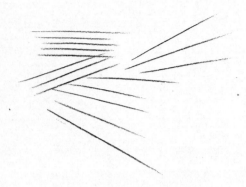

图3-1　没有约束的直线练习

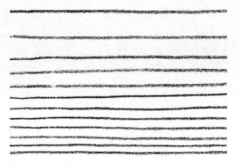

图3-2　水平直线练习

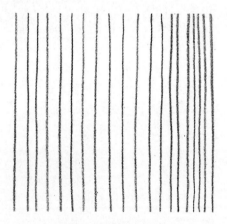

图3-3　垂直线练习

出想要的线。这样练习有利于对线条方向的控制。

1. 没有约束直线的练习

在纸面上任意方向画出长短不一的直线，最基本的要求是徒手画直线，线要画直。可以逐次尝试练习较短的直线、中长的直线和较长的直线。

通过观察图3-1，可以总结注意事项如下。

- 练习时，向各个方向画直线，试着找到自己画得最顺手的方向。
- 这个时期，在练习时不要转动纸，完全依靠移动手臂来控制线的方向。多加练习，会对线的方向灵活掌控。
- 没有任何约束的画线，很多同学觉地简单，容易画得快，不假思索，越快越画不直。在画线之前，要对自己想要的线的方向、长短有所估计，要有目的地控制线条。

2. 有约束直线的练习

我们绘制的产品设计图，就是各种有约束的线组成的空间体，线与线之间或平行，或垂直，或各种相交。从没有约束的线条练习逐渐过渡到有约束的直线练习。

再次强调画线的时候只动手腕不动手臂，导致的结果是画不了长直线。

（1）水平直线。两条直线间的距离先大后小，难度逐渐增加。距离较远的两条水平线，还是容易画出的。但是随着线与线之间的距离减小，在画线的时候，或多或少会有些紧张，画面上的直线不直的程度增加了。练习的时候，遇到这种情况，继续坚持即可。距离较近的成组直线练习的质量越高，画线的速度就提高得越快。如图3-2所示。

（2）垂直线。两条垂直线间的距离先大后小，难度逐渐增加。成组的垂直线相比较水平线，绘制难度增加。如图3-3所示。

（3）斜直线。练习了水平线、垂直线后，再画斜直线，感觉容易了很多。两条直线间的距离先大后小，难度逐渐增加。如图3-4所示。

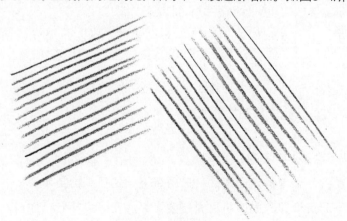

图3-4　斜直线练习

（4）网格练习。平时练习时，可以通过网格练习法练习直线，先画水平直线，再画垂直线，最后画斜直线，在一张纸面上可以进行多次练习。如图3-5所示。

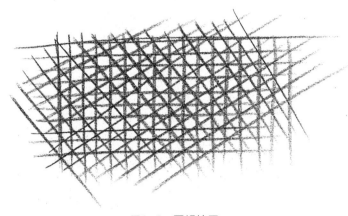

图3-5　网格练习

3. 在有限的范围内练习有约束的直线

在纸面上用直线画出限制框，即约束框，在框内练习水平直线、垂直线、斜直线。在约束框中练习的时候，线条尽量不要画到框外。相比较以上的练习法，约束框限制了线条起始位置。约束越多越不好画，难度越大。约束框的范围不要太小，太小画的直线就短，短线容易只动手腕画，且短线较长直线容易画直。约束框的范围尽量大些，可以练习中长、长直线的绘制。如图3-6所示。

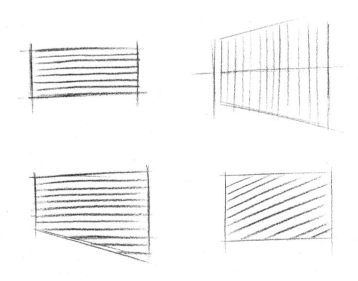

图3-6　在有限范围内画直线

二、曲线的练习

1. 弧线的练习

先画小弧度的弧线，再画大弧度的弧线。线条要流畅，尽量少画带尖角的弧线。可以在纸面定出关键点控制线的方向，如过三点画出一条抛物线。点不一定要画出。如图3-7所示。

图3-7　弧线练习

注　意

　　对于小弧度的弧线，可以先画两条交叉的大弧度弧线，再用一条较短的小弧度弧线过渡，如图3-8所示。

图3-8　弧线练习

2. 椭圆的练习

（1）随机椭圆练习。徒手画椭圆，注意椭圆的长轴和短轴，避免长轴过大、短轴过小。可以先练习一些接近正圆的圆，然后逐渐将圆压扁，即成椭圆。如图3-9所示。

　　练习时，可以依据椭圆长轴的方向（也可以是短轴）来决定椭圆的方向，即控制椭圆的倾斜程度。在练习过程中很可能出现绘制的椭圆的两端连接不上、一头大一头小等情况。这类缺点会随着练习的进步逐渐减少。

注　意

　　一笔画出一个合适的椭圆并不容易，但可以尝试连续地勾画椭圆，即在同一个地方重复画椭圆，在勾画的过程中不断矫正。最后根据这些大致的椭圆曲线确定一个最合适的椭圆，并把线条加重。

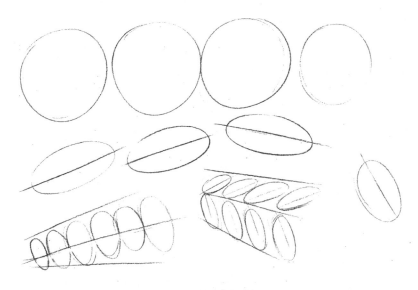

图3-9　随机椭圆练习

（2）套圆练习。将多个椭圆组合练习，也可参考圆截面居多的
实际产品绘制。如图3-10所示。

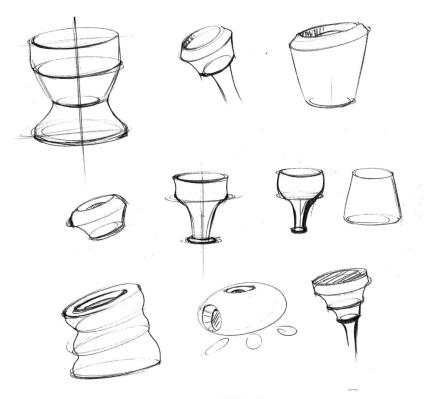

图3-10　套圆练习

三、产品线稿练习

1.练习产品线稿的意义

产品线稿即产品线条图，也称产品线图。线图是设计草图的
骨架，在设计构思阶段易于用来记录、推敲设计思路。线图可视

性强，快速方便。以线图为主的设计草图，能够运用线条大胆、果断、自信而有个性地去清晰表达产品的形态与结构，并尽可能保留绘图的过程痕迹。初学者看到一些"乱糟糟"的设计草图往往觉得"不好"，精致的效果图在初学者的眼中是"好"的。产生这样的观点是因为还没有深刻认识设计草图的内涵。线图不仅是手绘图的基础，也是设计草图构思表现的基础。

快速流畅的线条，可以尽快把设计者思考的内容表现出来。在实际设计工作中的特定要求和时间限制下，快速、准确、流畅的线条是绘制设计图的必然要求。所以练好线图是一切设计图绘制的重中之重。

2. 线图练习的工具

线图练习的工具有铅笔（普通绘图铅笔、彩色铅笔）、圆珠笔（和纤维笔的效果类似）、签字笔、钢笔等。

（1）铅笔练习线图。如图3-11至图3-13。铅笔在纸面易于留下痕迹。绘图时根据绘图者下笔的力量，线条就会有深浅、粗细的变化。铅笔绘图时，初学者习惯依赖橡皮擦掉画错的地方，橡皮用得越多进步越慢。索性丢掉橡皮，放松心态，注意力集中，大胆绘图。前一笔画错了，想办法在随后的绘制过程中纠正即可。

图3-11　铅笔练习（以直线为主）

铅笔绘图时，用较轻、较细的线条先画透视辅助线、重要轮廓转折线，确定好产品比例关系，就如同画结构素描的过程。进一步用线肯定地强调画面的虚实及透视关系，并根据物体的受光情况对画面中的线条进行合理调整。一般背光处线条较实，用线较重；受光处线条较虚，用线较轻。画错的地方就可以在调整时修改过来。

图3-12　铅笔线图（以直线为主）

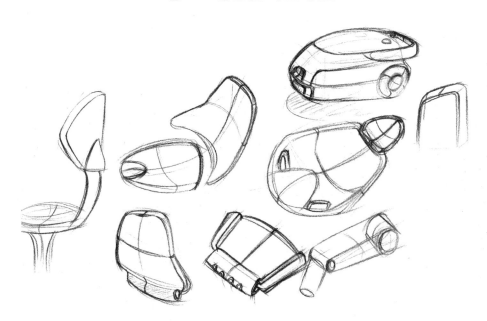

图3-13　铅笔线图（以曲线为主）

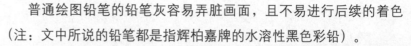

注 意

　　练习线图时，不要深入刻画深颜色的阴影。这样练习会提高绘图的效率，避免用模糊的深色调把不正确的地方模糊掉，而把全部注意力放在线条和产品形态上，利用线条把产品的特征刻画清楚。这样的线图还可以用马克笔、色粉等工具作后续的着色表现。练习时，线条先轻后重，易于修改。

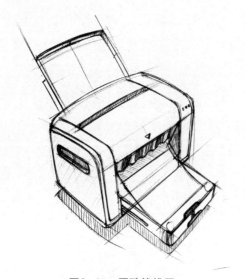

图3-14　圆珠笔线图

　　普通绘图铅笔的铅笔灰容易弄脏画面，且不易进行后续的着色（注：文中所说的铅笔都是指辉柏嘉牌的水溶性黑色彩铅）。

　　（2）圆珠笔练习线图。圆珠笔在绘图的时候容易控制线条的虚实，不像黑色签字笔（或者称为中性笔）极易在纸面留下较深的痕迹，难以修改，如图3-14所示。并且，用圆珠笔绘制的线条图还可以进一步应用马克笔等工具着色。

　　圆珠笔与铅笔绘图比较：圆珠笔绘制的图线条清晰、肯定，不像铅笔线看起来稍有些虚。在刚开始使用圆珠笔绘图时，由于下笔的力度控制不好，导致每一笔的线都画得很实（即在纸面上的墨迹很深），可能会出现画面一团糟的情况。但是坚持用圆珠笔练习绘图，会在较短的时间内，提高绘图速度和质量。

　　但是，对于初学者来说，还是先用铅笔绘图较容易掌握，可以从铅笔逐渐向圆珠笔过渡练习。

　　圆珠笔绘制线图的方法与铅笔绘图方法基本相同，线条控制力度也是先轻后重。略有不同的是，圆珠笔的线条粗细变化没有铅笔那么丰富。

　　（3）签字笔（或者称为中性笔、水笔）练习线图。有了铅笔和圆珠笔绘图的基础（即有了一定量的练习）后，对线条就有了一定的掌控能力，利用签字笔这种在纸面上着色痕迹较深、不易修改的笔绘图，强迫自己下笔前要对产品形态心中有数，可以锻炼手、脑的配合能力，如图3-15所示。长期使用这种笔做速写练习对提高线图绘制质量很有帮助。

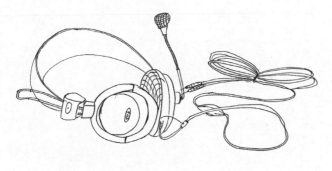

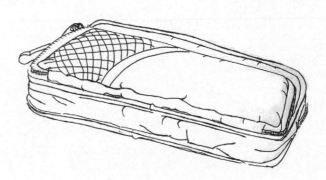

（a）（嘉兴学院　工设062　闻旭晨）　　　　　　（b）（嘉兴学院　工设062　骆娟）

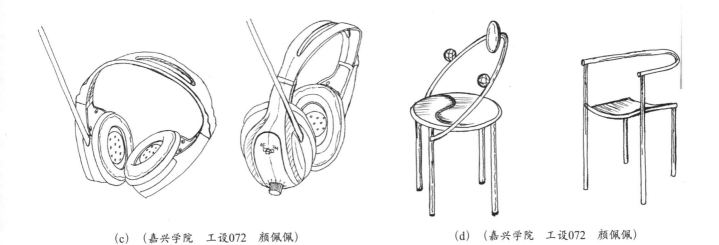

(c) (嘉兴学院 工设072 颜佩佩)　　　　　　　　(d) (嘉兴学院 工设072 颜佩佩)

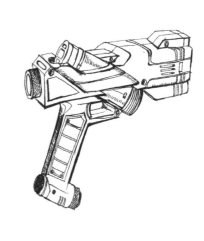

(e) (嘉兴学院 工设072 王新乾)　　(f) (嘉兴学院 工设072 王新乾)　　(g) (嘉兴学院 工设072 武平)

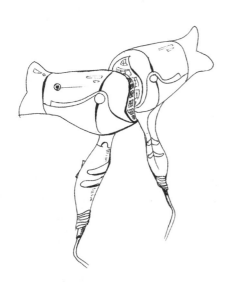

(h) (嘉兴学院 工设072 武平)　　　　　　(i) (嘉兴学院 工设072 武平)

图3-15 签字笔线图

（4）钢笔练习线图。钢笔绘图与签字笔的特点相似，所不同的是，应用钢笔的笔锋可以表现出不同粗细的笔触效果。钢笔绘图要求有一定的美术功底，初学者不易掌控，如图3-16所示。

图3-16　钢笔线图（嘉兴学院　工设072　毛琳琳）

四、产品形态的线稿控制

1. 产品线图中的线

（1）轮廓线。物体面与面之间的交界，或不同结构衔接时所产生的交界线称为轮廓线。

（2）透视辅助线。产品线图的绘制过程类似于结构素描，将多种复杂的形体归纳在单纯的几何形框架线之中，再进行产品特征细节的刻画。我们可以将这种线条称为透视辅助线。如图3-17所示，在绘图之初，将该产品的基本形体归纳为长方体，长方体的轮廓线就是该产品的透视辅助线。长方体透视准确与否，决定着整个产品的透视准确与否。然后，在长方体的框架中，进行产品细节的刻画。画透视辅助线用力要小，否则会影响整个产品的最终线图质量。

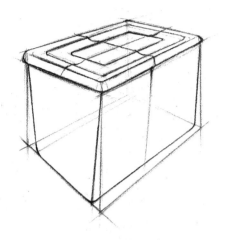

图3-17　透视辅助线

（3）断面辅助线。断面辅助线指为了更好地说明物体结构与形态，将物体切开形成的断面线，以辅助说明物体形态。单纯的轮廓线很难准确表达一些变化丰富的造型，也决定我们需要借助一些辅助说明的线条来补充说明设计对象。形体的转折、细节的刻画需要用到断面辅助线，如图3-18所示。同样的轮廓线，因为断面辅助线的不同，所表达的形态也不同，如图3-19所示。断面辅助线练习示例如图3-20所示。

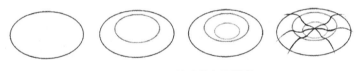

图3-18　断面辅助线刻画细节

图3-19　不同断面辅助线形成不同形态

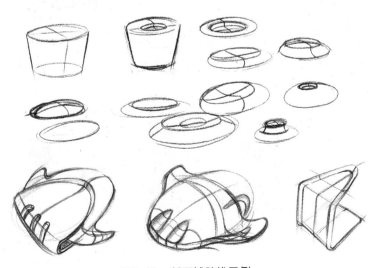

图3-20　断面辅助线示例

31

（4）分型线。由于产品生产拆件的需要，壳体之间拼接所产生的缝隙即是分型线。如图3-21所示。

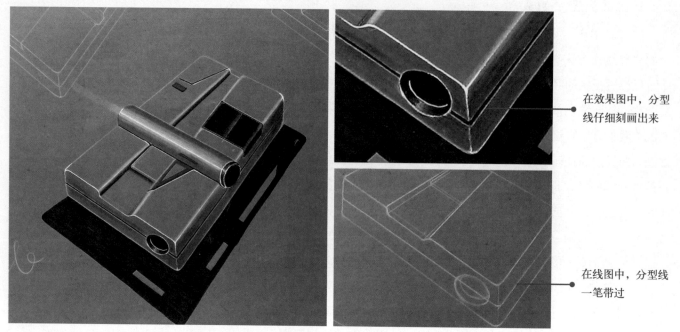

在效果图中，分型线仔细刻画出来

在线图中，分型线一笔带过

图3-21 产品分型线的表现（嘉兴学院 工设122 曾鹏）

2.产品形态的整体线稿控制

产品形态具有多样性，形态的具体轮廓形状大致可以归纳为正圆形、椭圆形、不规则圆形、正方形、长方形、梯形、等腰三角形、不规则三角形等，可以说任何产品的设计都不能脱离这些基本形状而构想，都是对这些形状的加、减、组合，如图3-22至图3-27所示。对基本形状之间的长短、厚薄，穿插、组合作反复仔细的协调，也就产生了好的产品形态。在进行产品形态构想时，将这些基本的几何形状转变为相应的几何体，并进行细节的刻画。

图3-22 方形为主的产品示例

图3-23　圆柱为主的产品示例

图3-24　球形为主的产品示例

图3-25　梯形为主的产品示例

图3-26　三角形为主的产品示例

图3-27　基本形体组合的产品示例

产品轮廓近似形状可以帮助绘图者掌控产品各部分的比例关系；再将这些近似形状转化为相应的透视体，进行切割、加减，以表现对细节的刻画。如图3-28所示。

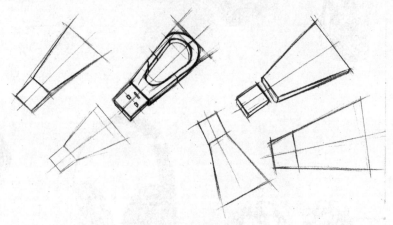

图3-28 线稿绘制示意

3. 产品整体形态的线稿练习方法

线条是产品整体形态的骨架，利用线条绘制产品线图，对产品整体形态进行摸索，有利于对产品形态的创新。

（1）几何体的加、减法。在练习时，可以对基本几何体进行切割、组合，即几何体的加、减法。这样可以改变几何体的最初形态，使之成为新的形态。

1）减法——直线切割。以长方体为基本几何体，进行直线切割。如图组3-29所示。

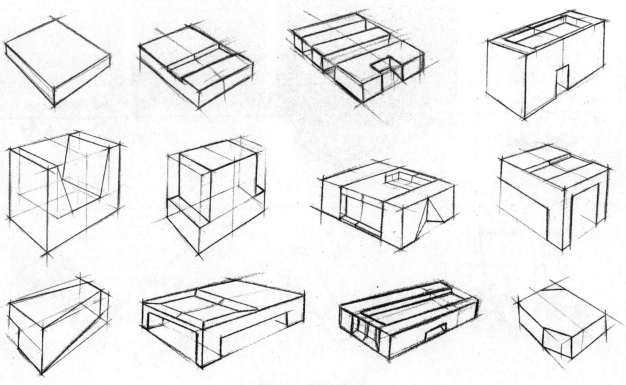

图3-29 直线切割

2）减法——曲线切割。以长方体或球体为基本几何体，进行曲线切割，如图组3-30所示。

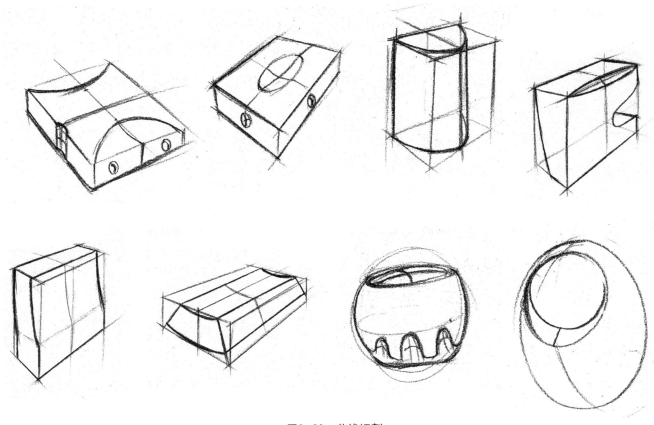

图3-30　曲线切割

3）加法。在基本几何体上，增加另外一个或多个几何体，构成新的特征，如图3-31所示。

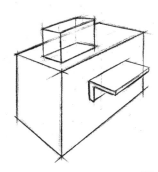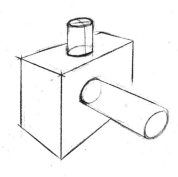

图3-31　加法练习

（2）多视角表达产品。多视角表达产品即就同一个产品进行不同视角的绘制，将单个产品进行多角度的展示。对于较复杂的物体，任何一个视角都仅仅是展示这个物体的一部分外观和结构，只选择一个视角就会不得不遮挡或者隐藏产品的一些其他特征。所以，一个产品设计方案，通常需要多个角度的诠释，否则会遗漏许多必要的信息，从而造成理解的偏差。

　　练习时，可以参考优秀线图，并进行多视角想象。在线图练习的初级阶段初学者对形体的把握还不熟练，对产品轮廓的概括能力也不足，所以不建议针对产品实物和产品摄影照片图进行线条图练习。初学者可以就基本几何体进行多视角绘制，如长方体、圆柱体等。两个或者三个为一组，体会同一物体的多视角绘制，如图3-32所示。在此基础上，再针对具体产品进行多视角练习，如图3-33、图3-34所示。

图3-32　成组多视角练习

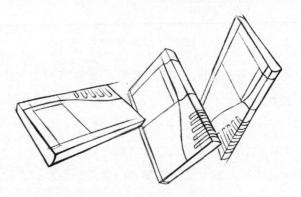

图3-33　产品多视角线图表现1（嘉兴学院　工设122　郭亚琼）

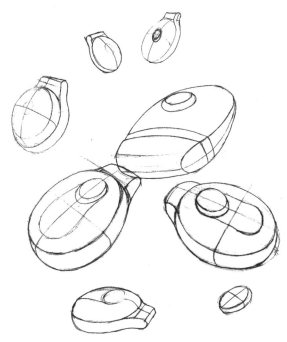

图3-34　产品多视角线图表现2（嘉兴学院　工设122　曾鹏）

产品多视角练习步骤如下。

首先，不论产品视角差异大小，尽可能在一张纸面上画满同一产品的不同视角。

然后，观察并思考：产品的特征是否表现完全（正反面、侧面、细节）？哪几个视角足以表现产品特征？这几个视角在表现产品特征时是否互相补充？有哪些视角是多余的？有哪些细节在产品整体图上太小而表达不清？哪些细节图需要局部放大？有哪些特征需要借助人体、使用场景表现……

最后，归纳总结，积累经验，多次练习后，画面上逐渐减少重复特征的图，只留下几个必要的视角。

> **注　意**
>
> 初学者由于对产品视角的控制不娴熟，在画面中常常会出现：
>
> 多余的图——几个近似的产品视角；
>
> 欠缺的图——产品特征表达得不全。

这些问题，都会在多次练习后逐渐减弱直至消失，最终画面会出现必要的产品视角。在多视角练习时，仅用线条图表现，画面构图在这个阶段也不需刻意注意，练习者只需将注意力集中在对产品特征的表达上即可。

线条本身无所谓好坏，只有它们构筑了一个合理的产品造型后，才能成为好的线条。 练习产品手绘线稿，只有思考与分析产品本身才能理解产品设计。至于线条本身的质量，这只是个熟练问题，不是思维问题。

第 4 章　常用产品设计手绘技法

教学目标

结合常用手绘工具掌握常用产品设计手绘技法。

教学重点

写生训练，熟练应用产品设计手绘技法。

教学难点

默写训练。

绘图材料

A4打印纸、A3绘图纸、水粉纸、色纸；彩色铅笔、圆珠笔、签字笔（水笔）、马克笔、色粉笔、高光笔、板刷（底纹笔）、尼龙水粉笔、勾线笔等；水粉颜料。

本章导读如下面框图所示。

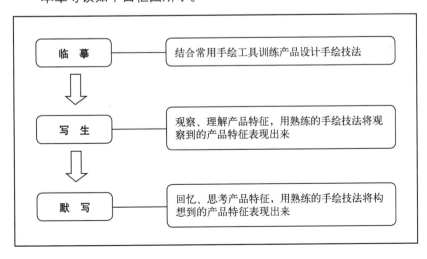

临　摹　——　结合常用手绘工具训练产品设计手绘技法

写　生　——　观察、理解产品特征，用熟练的手绘技法将观察到的产品特征表现出来

默　写　——　回忆、思考产品特征，用熟练的手绘技法将构想到的产品特征表现出来

第一节 结合常用手绘工具训练手绘技法

一、彩色铅笔技法

1. 准备工具

彩色铅笔主要用于勾勒线条和加色。按照笔芯特点分类如下。

蜡质彩铅：画出的痕迹有点像蜡笔的感觉，它是靠附着力固定在画面上，不适宜用过于光滑的纸、板；色彩的反复叠加不易于求得复合色。

水溶性彩铅：着色后用毛笔蘸水晕开，可以进行色彩的渐变过渡，模拟水彩效果，如图4-1所示。彩色铅笔在构思草图时，适合画产品线图，表现产品固有色。彩色铅笔笔触细，不适合大面积着色使用。

笔者建议使用辉柏嘉牌子的水溶性彩色铅笔，如图4-2所示；当然也可以选择其他品牌的，如Prismacolor品牌。辉柏嘉是德国的品牌，绘制线图和效果着色均可，笔触细腻，笔墨易于附着在纸面上；在进行效果着色时，还可以把彩铅用小刀刮成粉末状配合马克笔等使用。彩铅在纸面上的着色痕迹较浅，若画线用力不大，可以用橡皮擦掉。但若是画线用力较大，就无法彻底擦除了。初学者建议从12色开始练习。慢慢懂得一些色彩规律。只要懂得色彩规律和配色技巧，多的为了方便，色彩更丰富；少的，可以加强自己配色的能力。彩色铅笔有多色整盒的，如12色等，也有小盒纯色的，可以选择自己想要的色彩。

图4-1 水溶性彩铅模拟水彩效果

图4-2 辉柏嘉水溶性彩铅

> **注 意**
>
> 一般作产品设计草图时，纯色彩铅多用线图勾勒形态，效果图中可以选用多色进行修饰。有两支常用的彩铅为黑色和白色，通常用黑色的彩铅刻画很深的暗部，用白色的彩铅提高光。

2. 技法要点

彩色铅笔的主要任务是用线条表现产品块面和各种层次的灰色调，因此需要用排线的重叠来实现层次的丰富变化，如图4-3、图4-4所示。用简单的几种颜色和轻松、洒脱的线条，即可说明产品的用色、氛围及用材。用彩铅表现一些特殊肌理，如木纹、灯光、倒影等时，均有独特的效果。

（1）彩铅的力度掌控。根据实际情况，改变彩铅的力度以便使其色彩明度和纯度发生变化，带出一些渐变的效果，形成多层次的表现。如图4-5所示。

图4-3 彩铅表现制水机面板设计草图

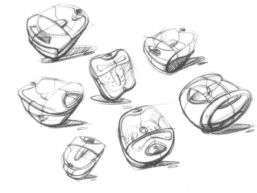

图4-4 彩铅表现足浴盆设计草图
（《木马工业设计实践》）

（2）彩铅的覆盖性。由于彩铅有可覆盖性，可用单色（冷色调一般用蓝色，暖色调一般用黄颜色）先笼统地罩一遍，然后叠加适合的色彩进而继续细致刻画。但是覆盖不宜多色，否则会出现灰、脏、乱的不良效果。如图4-6所示。

（3）彩铅配合马克笔使用。

1）水溶性彩铅直接配合马克笔使用。水性马克笔画在纸面上，笔触略微有些潮湿。在其笔触未干透之前，利用水溶性彩铅叠加，会快速出现色彩深浅的变化效果，表现产品的明暗转折，如图4-7所示。通常用黑色的彩铅刻画暗部，用白色的彩铅提高光。作图时，选用某色系明度居中的一支马克笔，再叠加彩铅，会加快作图速度。这样做，会避免由于多支马克笔笔触叠加不当，而出现色彩明暗渐变不均的不良效果。

图4-5 渐变的彩铅笔触

图4-6 彩铅的覆盖性

图4-7 水溶性彩铅配合马克笔表现产品明暗转折

2）彩铅笔芯刮成粉末配合马克笔使用。水溶性彩铅的笔芯较软，把笔芯刮成粉末，配合马克笔等使用。若是水性马克笔，在其笔触上擦涂水溶性彩铅粉末，会使得彩铅粉末微溶于马克笔的笔触中，使得马克笔的表现效果显得柔和、不生硬。这种方法可以用来表现细微的过渡面和暗部光影。若是油性马克笔笔触，效果会有些差别。

笔者建议，用黑色彩铅粉末配合马克笔笔触表现过渡面和暗部，表现效果省时省力；但需要强调的是，这种方法只适合小面积的应用，因为彩铅的粉末和色粉粉末比较起来太少了。

（4）纸张的选用。选用纸张也会影响画面的风格，在较粗糙的纸张上用彩铅会有一种粗犷豪放的感觉，而用细滑的纸会产生一种细腻柔和之美。

（5）彩色铅笔绘制产品设计图。应用彩色铅笔绘图，可以用线稿（或线稿加少量排线）直接表现产品的固有色。在设计草图阶段，利用彩色铅笔能快速表现设计方案。也可利用黑色彩色铅笔画产品线图后，应用马克笔等其他着色工具进行着色。

刻画产品细节，或者小面积特征时，将铅笔削尖进行绘制，产品细节特征会表现的清晰。若使用较粗的彩铅绘制，笔触则有些模糊。对于大面积特征或者长的线条，把笔倾斜，运用笔的侧峰进行绘制，既省力又易于出效果。当反复刻画细部的时候，要不停地削铅笔，以保持笔尖的锋利程度。可以使用电动卷笔刀或手动卷笔刀。

注　意
为了使绘图过程不被削铅笔打断，建议绘图前将若干支铅笔削好，绘图过程中当笔尖变粗后，即可更换另外一支削好的铅笔继续绘图。

彩铅绘图案例分析过程如图4-8所示。

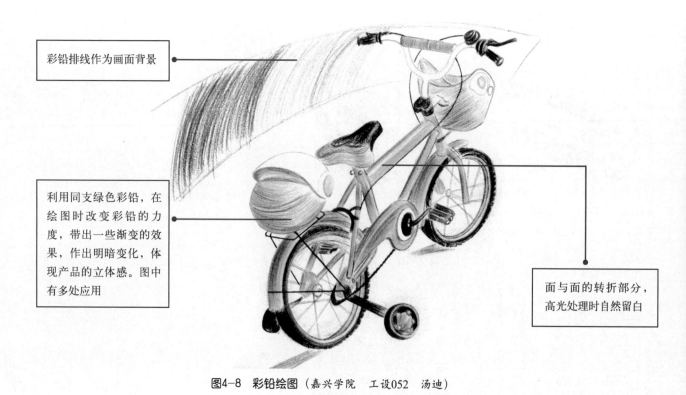

彩铅排线作为画面背景

利用同支绿色彩铅，在绘图时改变彩铅的力度，带出一些渐变的效果，作出明暗变化，体现产品的立体感。图中有多处应用

面与面的转折部分，高光处理时自然留白

图4-8　彩铅绘图（嘉兴学院　工设052　汤迪）

彩铅产品表现图示例如图4-9如示。

嘉兴学院　工设072　颜佩佩　　　嘉兴学院　工设121　胡志平　　　嘉兴学院　工设121　沈瑜璎

嘉兴学院　工设121　吴易

嘉兴学院　工设072　颜佩佩　　　　　　　　　嘉兴学院　工设122　曾鹏

图4-9　彩铅产品设计草图

二、马克笔技法

1. 准备工具

（1）品牌。市面上的马克笔牌子较多。国内的品牌有：凡迪（FAND）、法卡勒（Finecolour）等，价格便宜。国外的品牌有：日本的Copic马克笔，快干，混色效果好，其价格偏高；美辉（Marvy）也不错。韩国的Touch，价格相对便宜；还有美国的三福（Sanford）等。马克笔都有编号，每种编号对应相应的颜色，马克笔及笔头如图4-10所示。马克笔的笔头有单头和双头之分。双头的马克笔，一头粗，一头细，在绘图过程中使用方便。

（2）分类。马克笔有酒精性的、油性的、水性的。油性墨水是以甲苯、二甲苯等油性溶剂配制的墨水，味道刺鼻，对人体有害。酒精

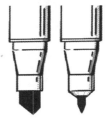

图4-10　马克笔及笔头

性墨水因其无毒、味轻等优点，更符合环保要求。在使用性能上两种墨水一致。这两种干得快，绘图笔触不易晕开，但价格较高。

水性墨水是以水为溶剂制作的墨水。水性马克笔在大多数纸上多次涂抹进行色彩分层和混色容易将纸张弄破，笔触也易晕开。一般练习时，选择水性马克笔即可。

（3）马克笔色系选择如下。

灰色系（冷灰色、暖灰色）。CG系列代表COOL GRAY（冷灰）系列，WG系列代表WARM GRAY（暖灰）系列。选用马克笔的时候，通常选择单号或者双号的马克笔系列，如CG1、CG3、CG5、CG7、CG9或者CG2、CG4、CG6、CG8，相邻的色号之间颜色深浅接近，隔一个色号选取，马克笔的深浅层次可以拉开一些。给产品线稿着色时，灰色系配合彩色系的马克笔使用，便于表现产品的明暗关系。

黑色BLACK120。这是必备的，其使用频率非常高。

彩色系。彩色系选取常用色系即可，如绿色系、黄色系、蓝色系、红色系等，每个色系最多准备三支能表现颜色深浅渐变自然的即可。多支表现同一色系势必会减慢表现速度。笔者不主张在学习初期购买成套的，因为初学者没有使用经验，对颜色的深浅把握不到位，可以先选购一两种色系，在使用的过程中随着使用经验的增加逐步添加需要的颜色。绘制效果图时用到的颜色深浅变化讲究细腻，可以多支同色系重叠涂色。但在绘制设计草图时，由于注重设计思路的快速展现，通常用同色系不超过两支的马克笔进行快速着色，所以同色系中很多丰富的颜色在产品快速表现中用不到。

（4）马克笔绘图用纸。马克笔用纸要求：一要厚实、吸水，这样水分较多的时候不容易起皱、晕开；二要相对光滑，画起来容易，也比较容易着色。常用的如绘图纸（选择无图框的有利于画面排版）、质量好的素描纸、厚的打印纸（克数较高的打印纸）等。

有马克笔专用纸，但是价格比较高。总的来说，太薄、太软的纸张不宜使用。

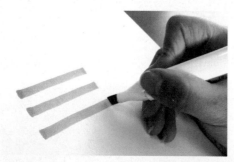

（1）粗笔触

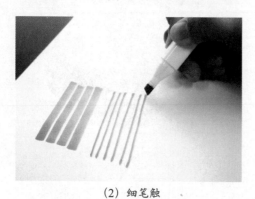

（2）细笔触

图4-11 马克笔的基本笔触

2. 技法要点

（1）马克笔的基本笔触。一般用马克笔较宽的一面，画出粗线条形成较肯定的笔触；用马克笔的笔尖勾出较细的线。在绘图时，根据需要粗细线搭配应用。如图4-11所示。

由于马克笔的颜色先后画上去时会出现笔痕，在一块面积中使用时不可以随意交叉，否则会使色彩脏乱，失去秩序感和明快感；除非在设计表现中除特别需要，一般不采用这类笔触，如图4-12所示。

马克笔的笔触有很强的方向性。一般按照物体的形体结构块面转折关系和走向运笔。平面一般适宜横涂或竖涂，排列成紧密的色块面。处理曲面时笔触要带一点弧形，以利于曲面的表达。用马克笔表现时，笔触大多以排线为主，所以，有规律地组织线条的方向和疏密，有利于形成统一的画面风格。

（2）马克笔绘图要点。在马克笔运笔过程中，用笔的遍数不宜过多。在第一遍颜色干透后，再进行第二遍上色，而且要准确、快速；否则颜色之间会相互渗入而形成混浊之状，没有了马克笔透明和干净的特点。

马克笔不具有较强的覆盖性，淡色无法覆盖深色。所以，在着色过程中，应该先上浅色而后覆盖较深的颜色，并且要注意色彩之间的相互和谐，如图4-13、图4-14所示。忌用过于鲜亮的颜色，应以中性色调为宜。单纯地运用马克笔，难免会留下不足，应与彩色铅笔、色粉等工具结合使用。

（3）马克笔干湿笔使用技巧。干笔是指使用马克笔作图时，强调用笔的速度。快速用笔，往往能产生飞白效果，使画面生动、活泼、轻快。利用这一技巧可表现出线条的速度感和渐变层次。半干状态的马克笔下笔时色深，提笔时自然就浅。墨水饱满的马克笔不易出现这种效果。

湿笔是指马克笔墨水饱满时，采用没有间隙的平涂的笔触，不论用笔轻重快慢都表现不出明显的笔触。但这是表现光滑平坦质感的有效方法。

图4-12　脏乱的笔触、整齐的笔触

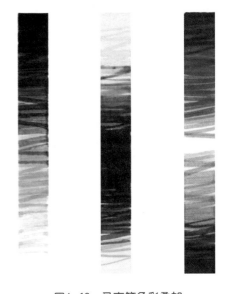

图4-13　马克笔色彩叠加

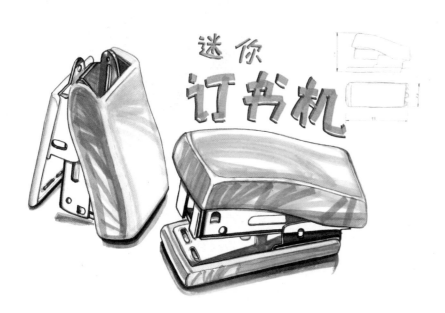

图4-14　马克笔表现小型订书机（嘉兴学院　工设N091　岑文婷）

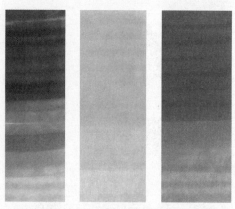

图4-15　平涂的马克笔笔触

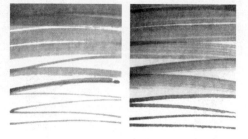

图4-16　"之"字形马克笔笔触

（4）马克笔色彩叠加体验练习。

1）同色同支叠加。体会色彩的变化及笔触的排列。在第一遍颜色干透后，再进行第二遍着色，每叠加一次会适当地变深一些，叠加2～3次后就基本不会有太大的变化。多遍后会溶成一体，没有颜色的深浅变化。

初学者使用马克笔作图时，容易使用密集的线平涂画面，形成平涂的马克笔笔触，如图4-15所示。这种画法看起来过渡自然，初学者易于从视觉上接受，感觉画面整齐、过渡自然。但这样作图，由于追求了画面效果整齐，容易将整个画面涂满色块，若是先使用了颜色较深的，就会涂得越来越深，导致没有光影明暗的变化，也就没有了立体效果。建议使用"之"字形笔触，如图4-16所示。这样的笔触会使得画面显得透气、不拥挤。画面暗部笔触粗，亮部笔触细，笔触由粗到细，表示由暗部到亮部逐渐过渡。这样作图，笔触灵活、明暗部简明概括表达，且会加快作图速度。在作图时，平涂笔触和"之"字形笔触结合使用，如图4-17所示。

图4-17　平涂笔触和"之"字形笔触结合的马克笔着色
（嘉兴学院　工设122　曾鹏）

图4-18　同色系多支叠加——平涂笔触

图4-19　同色系多支叠加——之字笔触

2）同色系多支叠加。建议最多用三支马克笔，若两支可以做出明暗渐变的效果则最好，省时省力。着色时，先画浅色，后画深色，体验同色系之间的色彩叠加发生的变化。在颜色交界比较明显的地方用浅的颜色过渡画几次让交叠线不那么明显。同色系多支平涂效果，如图4-18所示；同色系多支之字形笔触效果，如图4-19所示。

3）纯度叠加。在固有色的前提下覆盖灰色，纯度降低，多用于表现产品背光面、明暗交界线。如图4-20所示。

4）不同颜色叠加时会产生新色。如蓝色与黄色叠加产生绿色，黄色与红色叠加会产生橘色等。不同颜色叠加产生的一些颜色需要根据经验进行调配。

图4-20　纯度叠加

（5）马克笔灰色系着色练习。用冷灰色或者暖灰色的马克笔将产品基本的明暗调子画出来，表现产品的立体感。产品的明暗关系塑造是否符合光影原理与材质属性，是决定产品手绘图着色的关键。绘图时，不考虑颜色、肌理的干扰，进行灰色系着色，即将手绘图进行黑白素描稿练习。这是正确塑造即检验明暗关系的有效方法之一。

在临摹练习时，可将彩色手绘图转换为黑白图，观察明暗关系，为着色练习提供帮助。

马克笔灰色系着色案例，步骤如下。

1）用黑色彩铅起线条稿，注意线条流畅，用线条简要画出明暗交界线及暗部。如图4-21所示。

2）用浅灰色马克笔叠加上一步的彩铅笔触画出的暗部。黑色水溶性彩铅笔触在马克笔的叠加后，会晕开，使得马克笔的笔触显得柔和。图4-22所示。

3）用深灰色马克笔修饰暗部，注意暗部向亮部的过渡。图4-23所示。

4）整体修饰，加入过渡面及其他细部。图4-24所示。

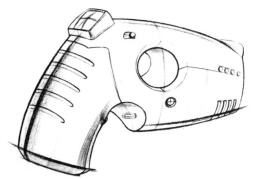

图4-21　（嘉兴学院　工设122　李可婷）

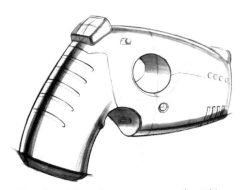

图4-22　（嘉兴学院　工设122　李可婷）

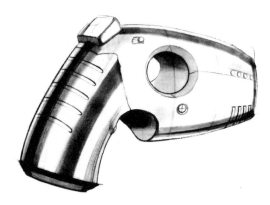

图4-23　（嘉兴学院　工设122　李可婷）

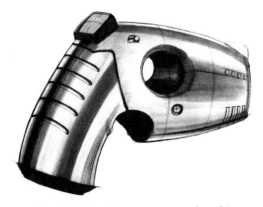

图4-24　（嘉兴学院　工设122　李可婷）

灰色系着色表现图如图4-25所示。

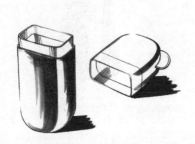

(a) （嘉兴学院　工设091　卢珊珊）　　(b) （嘉兴学院　工设051　徐鑫燕）　　(c) （嘉兴学院　工设121　沈瑜璎）

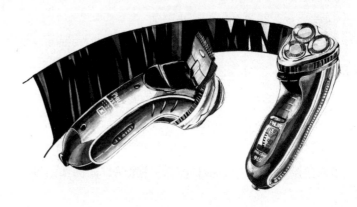

(d) （嘉兴学院　工设092　王飞）　　　　(e) （嘉兴学院　工设091　黄贞贞）

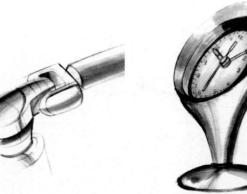

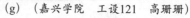

(f) （嘉兴学院　工设111　陈鸿辉）　　　　(g) （嘉兴学院　工设121　高珊珊）

图4-25

（6）马克笔彩色系着色。对于同一个产品使用彩色马克笔着色，选取一两种色彩即可，保持产品色调的统一性。如果采用较多颜色，往往会显得杂乱。马克笔的颜色是透明的，两种颜色叠加，可以出现透叠的效果。灰色系马克笔和彩色马克笔透叠结合使用，形成比较深的颜色，常用来表现产品的明暗关系。

马克笔着色练习时需注意：

练习马克笔着色时，可以将画好的线条图扫描或者复印多张，快速上色，每幅20分钟左右，每幅都应有区分，或冷调，或暖调，或亮调，或灰调，不必拘泥于细节，推敲和尝试马克笔的笔触及马克笔色彩的体验，进而练习马克笔的着色，如图4-26所示。

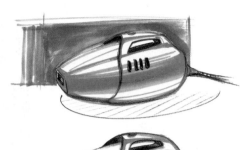

图4-26 马克笔上色练习

绘图案例细节点评如图4-27至图4-30所示。

播放器
蓝色系马克笔表现产品主面板。浅蓝色马克笔处理底色，上面用较深蓝色笔触覆盖。不必全部覆盖一层，由暗部向亮部自然过渡即可

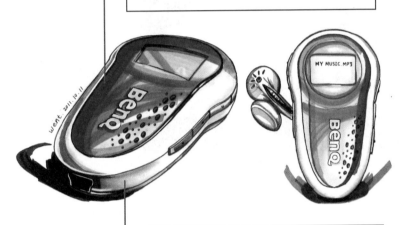

采用少量浅冷灰色马克笔仅画出产品的暗部及明暗过渡部分，配合大面积留白表现产品的白色光滑塑料材质部分，笔触简洁、概括。白色部分的暗面着色选用明度高的灰色，且着色面积少

图4-27 （嘉兴学院 工设N091 岑文婷）

汽车
车前灯的灯光采用不加水的白色水粉颜料以肯定有力的直线画出，表现出高亮光束的效果。在此基础上加入少量淡蓝色色粉表现光束的色彩

画面背景渲染气氛

图4-28 （嘉兴学院 工设092 王飞）

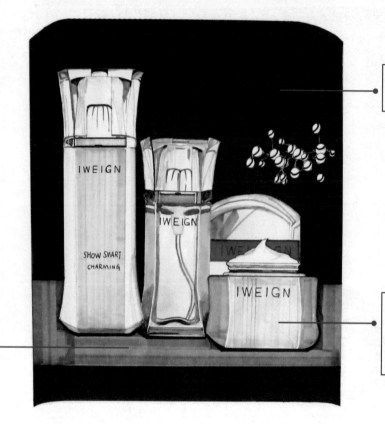

借助于深色背景烘托主体

较暗的部分用深色冷灰色马克笔CG6、CG 8 画出

瓶体底部可适当加入少量黑色，表现阴影

透明塑料材质，用浅色冷灰色马克笔CG1、CG2画出过渡面

图4-29 （嘉兴学院 工设102 张枫）

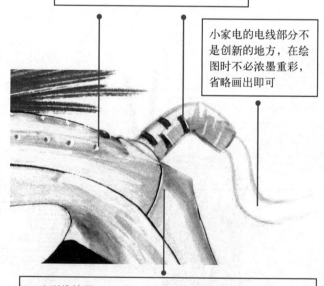

细节处理：
较浅的凹坑(槽)边缘，用勾线笔蘸较干的白颜料或用白色高光笔简略画出受光面部分，表现出立体感

小家电的电线部分不是创新的地方，在绘图时不必浓墨重彩，省略画出即可

白色电熨斗
表面光洁的白色塑料材质，使用浅色冷灰马克笔表现表面与面之间的转折部分，大量留白。借助彩色背景和深色阴影，凸显白色主体

分型线处理：
紧挨着较深的分型线，用勾线笔蘸较干的白颜料或用白色高光笔画出同样长短的线，表现出立体感

图4-30 （嘉兴学院 工设051 金妙妙）

绘图案例整体点评如下。

如图4-31、图4-32所示。在白纸上表现透明塑料材质，暗部用较深的灰色，表现材料的厚度；过渡面用浅灰色；要敢于留白以表现透明效果。彩色透明部分用较浅的颜色概括画出，点到为止。

如图4-33所示，亚光塑料材质，明暗反差弱。

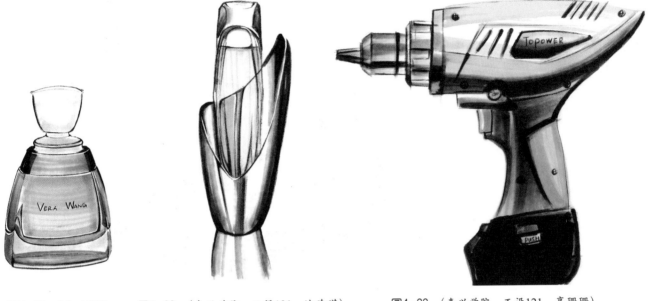

图4-31 （嘉兴学院 工设122 李可婷） 　图4-32 （嘉兴学院 工设121 沈瑜瑛） 　图4-33 （嘉兴学院 工设121 高珊珊）

如图4-34所示，暖灰色马克笔使用，表现反光弱的布料材质。棕色马克笔配合缝制皮革的针脚线，表现皮革质感。

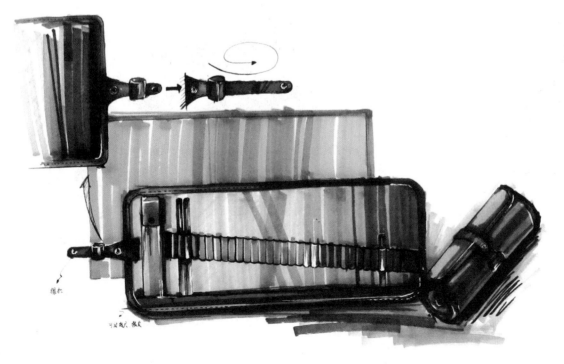

图4-34 （嘉兴学院 工设101 周领丽）

如图4-35所示，彩色铅笔结合马克笔作图，表现有触觉肌理的陶瓷材质。黑色马克笔点缀背景及概括阴影，突出主体。

图4-35 （嘉兴学院　工设052　鲁屠嘉嘉）

其他马克笔表现图如下（图4-36）。

（a）（嘉兴学院　工设082　余冠波）

(b)　（嘉兴学院　工设071　林志冠）

(c)　（嘉兴学院　工设081　楼欢）

(d)　（嘉兴学院　工设071　郑春燕）

(e)　（嘉兴学院　工设121　赖乙文）

(f)　（嘉兴学院　工设122　汪婧妤）

(g)　（嘉兴学院　工设122　汪婧妤）

(h)　（嘉兴学院　工设122　刘倩云）

(i)　（嘉兴学院　工设121　王豪杰）

(j)　（嘉兴学院　工设122　朱闻樱）

(k)　（嘉兴学院　工设102　张勋）

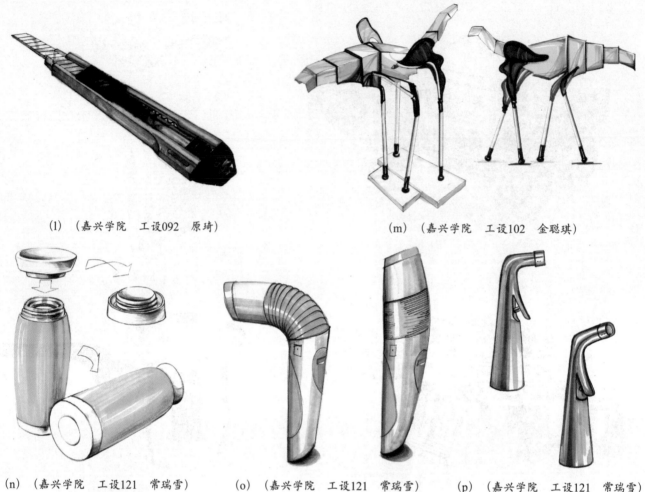

(l) （嘉兴学院　工设092　原琦）　　　　　（m）（嘉兴学院　工设102　金聪琪）

(n)（嘉兴学院　工设121　常瑞雪）　　(o)（嘉兴学院　工设121　常瑞雪）　　(p)（嘉兴学院　工设121　常瑞雪）

(q)（嘉兴学院　工设052　叶雪）　　　　(r)（嘉兴学院　工设121　金枫）

图4-36　马克笔表现图示例

三、马克笔、色粉结合技法

1. 准备工具

（1）色粉笔（简称色粉）。色粉笔是一种用颜料粉末制成的干粉笔，有软质和硬质两种，一般为8～10cm长的圆棒或方棒或棱柱棒，如图4-37所示。使用时，将色粉笔用小刀刮成粉末或者直接用来画线。

图4-37 色粉笔及色粉粉末

色粉笔颜料干且不透明，较浅的颜色可以直接覆盖在较深的颜色上，但反复擦拭可使深浅色粉混合。

色粉笔颜料是干的，因此利用色粉笔直接绘制的线条能适应各种质地的纸张，且纸张的纹理决定绘画的纹理。

色粉粉末表现细腻、过渡自然，但色粉的色彩明度和纯度较低，附着力较差，常和马克笔、彩色铅笔结合使用。以色粉为主的设计表现图，如要保存下来，建议配合定画液或定型液，以保护画面效果。市面上主要有马利牌色粉笔，其价格较低。

（2）美工刀或者削铅笔的小刀。将色粉笔刮成粉末。

（3）棉球或化妆棉、细腻的无纹理的纸巾。擦涂色粉。

（4）橡皮。在色粉的基础上擦出高光效果。

（5）婴儿爽身粉。绘制大幅面效果图时，加少量于色粉中，有利于擦涂顺利。在小幅面效果图和设计草图中，可不添加。

（6）定画液。保护色粉画面。

2. 色粉的基本用法

（1）刮色粉。首先用小刀将色粉条刮成粉末。刮粉末的时候，将小刀的刀刃与色粉条保持垂直，小心地用力刮，如图4-38所示。切忌像削铅笔一样去用力削，这样很容易削出颗粒，擦涂的时候会出现深浅不一的痕迹。色粉着色较浅，准备色粉时，宁可多，不要少。

图4-38 用小刀刮色粉

有时候，也可以用色粉棒直接着色，如图4-39所示。但若使用不当，会出现深浅不均的结果。

（2）色粉着色

1）用细腻的无纹理的纸巾（或化妆棉、棉球）擦涂。擦涂时，纸巾等就是画笔。纸巾折叠的宽度大，适合较大面积的色彩着色；反之，适合小面积的着色。

先把折叠适合的纸巾在色粉粉末上轻轻打圈擦涂，使得色粉充分粘在纸巾上，然后再按需擦涂画面，如图4-40所示。擦涂色粉

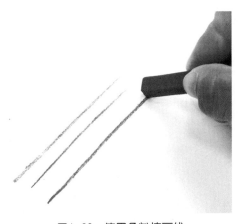

图4-39 使用色粉棒画线

图4-40　纸巾充分和色粉接触

时，先轻擦再加重力度才能使所擦涂的色彩柔和，否则会使所擦涂的面出现不均匀、深浅不一的痕迹，很难处理。

2）直接用手指擦涂。将刮成粉的色粉直接用手指蘸上，在所需要的图面上擦涂。这种方法的好处是颜色可以擦涂的较深，而棉球或纸巾擦涂其颜色不容易达到所需的深度；但是手指直接擦出的着色面积有限，只适合较小面积的图面着色。

（3）色粉结合橡皮使用。色粉着色痕迹浅淡，可以利用橡皮擦出被色粉盖住的产品高光部分。橡皮的角或者棱边（可以事先用小刀切出尖锐的棱边角）适合擦出较粗的高光线或者较小的高光面。如图4-41所示。

图4-41　橡皮在色粉笔触上擦出高光效果

（4）色粉的遮挡技巧。要刻画出产品的轮廓以突出和强化产品的体积形态，就需要进行一些遮挡，使得擦涂出的色块具有清晰分明的轮廓而色块面内仍然具有柔和的过渡关系。如图4-41所示。

遮挡的工具可用普通的纸片或塑料薄片等。用刀片根据图形的轮廓裁切，就成为了非常适用的遮挡工具，也称为遮挡片。

图4-41　色粉的遮挡形成清晰分明的轮廓

> **注　意**
>
> 色粉着色时，为了避免弄脏画面，可将不着色的部分，先用遮挡片遮住。色粉着色完成后，再去掉遮挡片。

3. 色粉结合马克笔绘图步骤案例

色粉绘图总的步骤是：

线条图—马克笔着色—色粉着色（先涂颜色最深的部分）—修整—高光处理（橡皮擦出较粗的高光线或者面，修正液点出高光点，白色的高光笔画出细长的高光线）。

　　金属水杯的马克笔结合色粉绘图步骤如下。

　　（1）使用黑色彩铅绘制水杯线条图，如图4-43所示。

　　（2）使用黑色马克笔绘制水杯不锈钢材质暗部，画出明暗交界线。如图4-44所示。

　　（3）使用黑色色粉擦涂水杯的过渡面。靠近明暗交界线的部分擦涂的色粉较多。如图4-45所示。

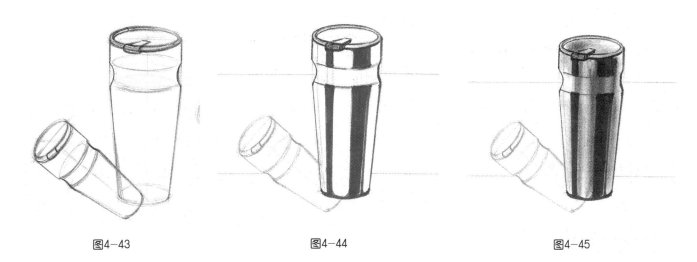

图4-43　　　　　　　　　　　图4-44　　　　　　　　　　　图4-45

　　（4）用8号灰的马克笔，画出杯子的颈部。在此基础上，叠加上黑色色粉，表现黑色橡胶材质。接着使用橡皮擦出杯子高光及反光部分。如图4-46所示。

　　（5）添加背景，并作整体调整，完成稿如图4-47所示。

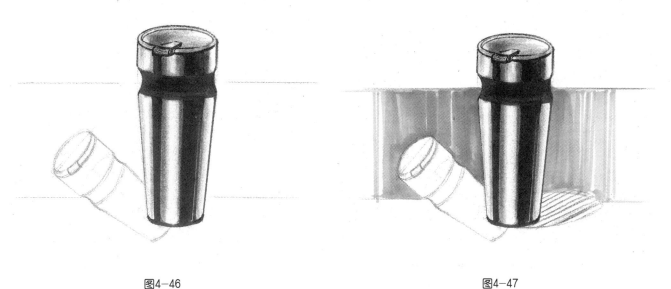

图4-46　　　　　　　　　　　　　　　　图4-47

4.色粉绘图案例分析

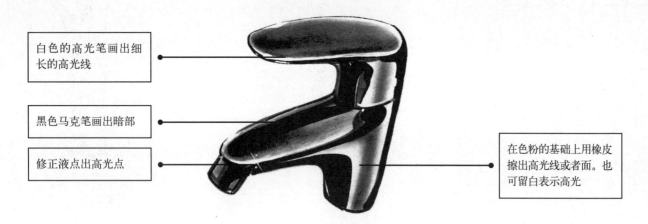

白色的高光笔画出细长的高光线

黑色马克笔画出暗部

修正液点出高光点

在色粉的基础上用橡皮擦出高光线或者面。也可留白表示高光

图4-48 （嘉兴学院　工设122　李可婷）

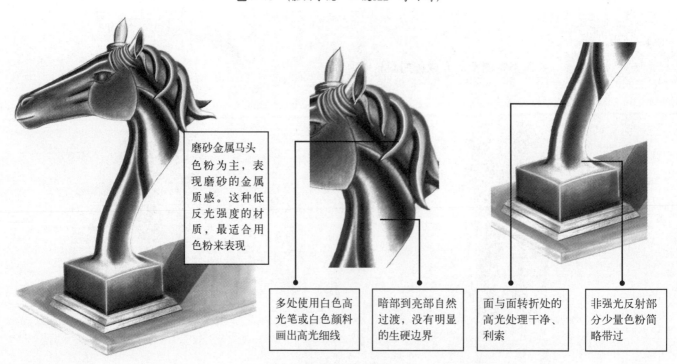

磨砂金属马头色粉为主，表现磨砂的金属质感。这种低反光强度的材质，最适合用色粉来表现

多处使用白色高光笔或白色颜料画出高光细线

暗部到亮部自然过渡，没有明显的生硬边界

面与面转折处的高光处理干净、利索

非强光反射部分少量色粉简略带过

图4-49 （嘉兴学院　工设052　叶雪）

化妆品容器常用硬性塑料有PMMA聚甲基丙烯酸甲酯、PS聚苯乙烯、ABS丙烯腈-丁二烯-苯乙烯共聚物、PET等。ABS材料与化妆品内材的相容性较差，适合做塑盖、容器的壳体等（图4-50）。PMMA材料一般展现其透光度似玻璃的特征做厚壁塑件。PE聚乙烯白色蜡状半透明材料，柔而韧，稍能伸张，材质比水轻，无毒；能配色，但色泽鲜艳度较差。PP聚丙烯透明或半透明材料，耐曲折性能优良。配色后材料色泽鲜艳度较好。

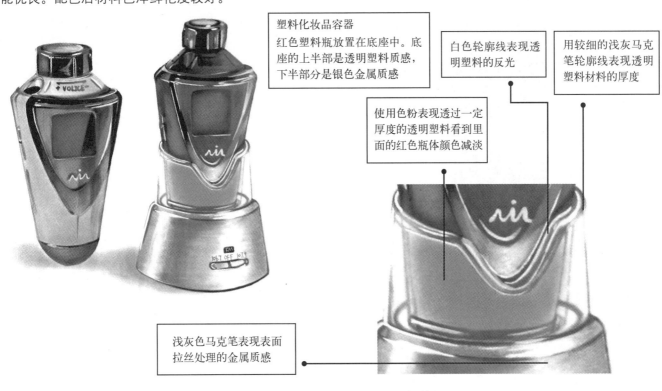

塑料化妆品容器
红色塑料瓶放置在底座中。底座的上半部是透明塑料质感，下半部分是银色金属质感

白色轮廓线表现透明塑料的反光

用较细的浅灰马克笔轮廓线表现透明塑料材料的厚度

使用色粉表现透过一定厚度的透明塑料看到里面的红色瓶体颜色减淡

浅灰色马克笔表现表面拉丝处理的金属质感

图4-50 （嘉兴学院　工设071　郑春燕）

藏银是一种含银较少的合金，主要成分包括镍、铜等，是白铜（铜镍合金）的雅称，大多产自我国的藏族地区，以及尼泊尔、印度等国。传统上的藏银为30%的银加70%的铜，因为含银量还是太低，所以现在市场上已经见不到了，以白铜替代。从做工来看，纯银饰品比藏银饰品要精致一些。相较之下，藏银更显得古朴、原始一些（图4-51）。

藏银戒指
在黑色马克笔和留白的基础上，擦涂少量的黑色色粉，除了表现暗部外，还表现这种金属的古朴和原始

黑色马克笔表现金属饰品凹槽中的暗部，留白表现强反光部分

图4-51 （嘉兴学院　工设122　李可婷）

色粉结合彩色铅笔表现塑料装饰花及木质花瓶如图4-52所示。

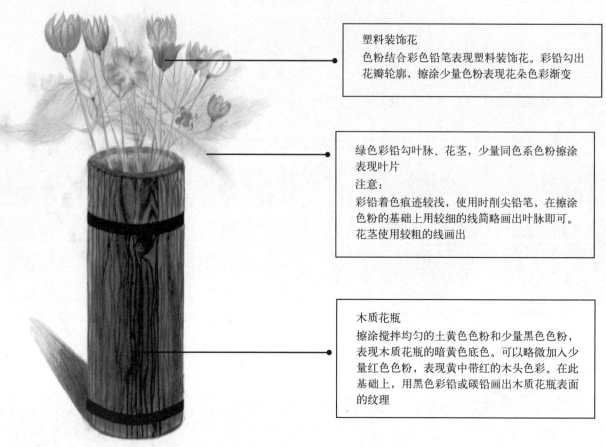

塑料装饰花
色粉结合彩色铅笔表现塑料装饰花。彩铅勾出花瓣轮廓，擦涂少量色粉表现花朵色彩渐变

绿色彩铅勾叶脉、花茎，少量同色系色粉擦涂表现叶片
注意：
彩铅着色痕迹较浅，使用时削尖铅笔，在擦涂色粉的基础上用较细的线简略画出叶脉即可。花茎使用较粗的线画出

木质花瓶
擦涂搅拌均匀的土黄色色粉和少量黑色色粉，表现木质花瓶的暗黄色底色。可以略微加入少量红色色粉，表现黄中带红的木头色彩。在此基础上，用黑色彩铅或碳铅画出木质花瓶表面的纹理

图4-52 （嘉兴学院 工设061 何建平）

暗黄金属质感的摆件如图4-53所示。

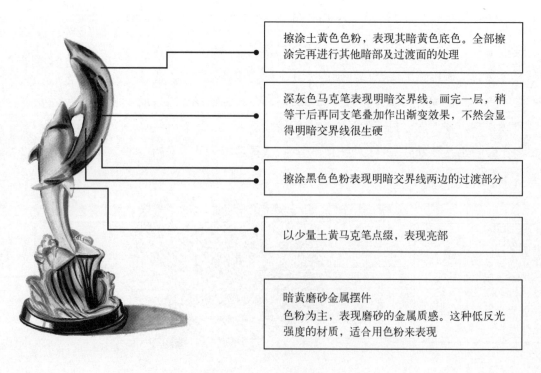

擦涂土黄色色粉，表现其暗黄色底色。全部擦涂完再进行其他暗部及过渡面的处理

深灰色马克笔表现明暗交界线。画完一层，稍等干后再用同支笔叠加作出渐变效果，不然会显得明暗交界线很生硬

擦涂黑色色粉表现明暗交界线两边的过渡部分

以少量土黄马克笔点缀，表现亮部

暗黄磨砂金属摆件
色粉为主，表现磨砂的金属质感。这种低反光强度的材质，适合用色粉来表现

图4-53 （嘉兴学院 工设051 姚嘉俊）

其他马克笔色粉表现如图4-54所示。

(a) （嘉兴学院　工设122　覃宝德）

(b) （嘉兴学院　工设101　胡怡凤）

(c) （嘉兴学院　工设091　袁莹）

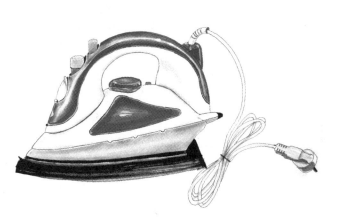

(d) （嘉兴学院　工设052　陈素素）

(e) （嘉兴学院　工设092　张浙峰）

(f) （嘉兴学院　工设102　康静茹）

(g) （嘉兴学院　工设092　叶婉婷）

(h) （嘉兴学院　工设062　梁建鑫）

(i) （嘉兴学院　工设121　徐珊）

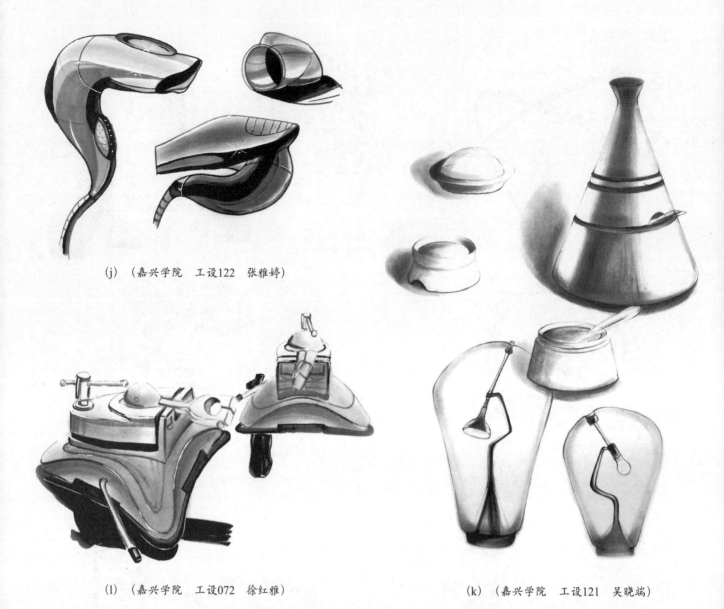

(j) （嘉兴学院　工设122　张雅婷）

(l) （嘉兴学院　工设072　徐红雅）

(k) （嘉兴学院　工设121　吴晓端）

图4-54

四、底色高光技法

1. 底色技法

采用现成色纸或在自行涂刷颜色的纸，利用底色作为要表现的产品的固有色或者画面背景，以大面积的底色为基调进行绘图，简化了绘图程序，画面简洁、协调，富有表现力。在实际表现中主要选用产品的色彩或明暗关系中的中间色作为底色基调，加重暗部，提高亮部进行表现。

（1）采用现成色纸。

1）绘图工具：马克笔、色粉、彩色铅笔、水粉颜料等。

2）绘图步骤具体如下。

①起稿。绘制产品线图（或者从构思草图中选取一个方案）。

②过稿。将线图转印到色纸上，并利用纸张本身的颜色作为中间色。

> **注 意**
>
> 尽量直接在色纸上起线条图，以增加作图速度。应在线图质量良好的前提下使用色纸，否则多次擦除修改线图会损伤纸面，影响画面的整体效果。
>
> 转印。将线图转印到色纸上，先用白色色粉在画稿背面沿轮廓线轻轻均匀涂抹一层，然后将画稿正面朝上，覆盖在色纸上，沿画稿轮廓线重描轮廓，正稿上就有了产品的轮廓线。

③处理过渡面。用不同灰度的灰色马克笔(或结合与色纸同色系的马克笔)沿形态的转折面画出暗部，注意马克笔的灵活应用，切忌把暗部画得过满、过死。

④调整。用色粉结合马克笔表现过渡面。

⑤处理高光。用白色色粉或者修正液、白色水粉颜料、高光笔等处理高光，但不宜过多。

⑥用黑色马克笔画出阴影，并修整画面。

3）案例分析如下。详见图4-55至图4-63。

加重暗部
在线条图的基础上，使用冷灰色系的马克笔画出过渡面。使用黑色马克笔画出暗部及阴影。

提高亮部
用小毛笔蘸白色水粉颜料勾画高光面或高光点，用白色高光笔画细长的高光线。

图4-55 （嘉兴学院　工设082　王益红）

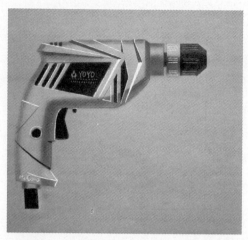

图4-56 （嘉兴学院 工设112 朱倩倩）

> **注 意**
>
> 在选用色纸时不要使用过于光滑的色纸，否则着色效果差。
>
> 马克笔颜色遇到色纸的微妙变化：马克笔的颜色是透明的，马克笔画在色纸上的颜色与画在白色纸上的颜色不同，这一点要在实践中体会。在绘图前，使用灰色系，即与画面同色系的马克笔的宽峰在色纸的一角作为实验色块，认真体会在色纸上的色彩微妙变化；同时，这些色块也可作为着色时的参考，做好下笔着色前的充分准备。

4）应用案例。

底色作为产品固有色，如图4-56至图4-60所示。

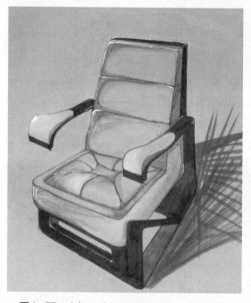

图4-57 （嘉兴学院 工设102 王祥龙）

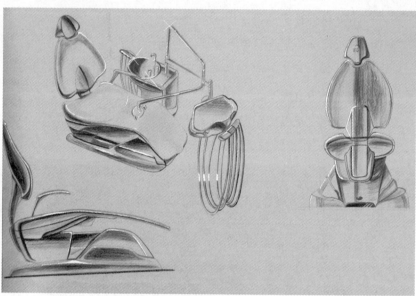

图4-58 （嘉兴学院 工设122 俞静萍）

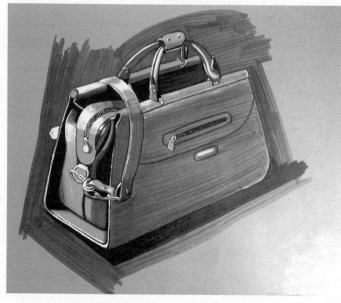

图4-59 （嘉兴学院 工设111 楼舒婷）

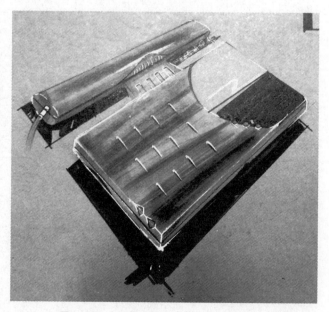

图4-60 （嘉兴学院 工设122 刘倩云）

底色作为产品背景，如图4-61至图4-63所示。

图4-61 （嘉兴学院 工设122 朱闻樱）

图4-62 （嘉兴学院 工设072 毛琳琳）

图4-63 （嘉兴学院 工设12 陈瑶）

（2）采用自行涂刷颜色的纸。

在自行涂刷颜色的纸上，利用底色作为要表现的产品色彩，以大面积的底色为基调进行绘制。这里使用水粉颜料，用水稀释后的颜料进行画面渲染。以线表现形体轮廓，利用修饰底色上的色彩色泽深浅的变化间接地显示出物体的立体感。由于水粉颜料颗粒较粗，就要求看准画面，湿画部位尽量一次渲染成功，过多的涂抹或多遍涂抹必然造成画面脏乱。

1）绘图工具。如图4-64所示，①是板刷（底纹笔），用来涂刷底色、大面积着色；②是尼龙水粉笔，小面积着色、刻画细节；③是勾线笔，刻画细节。

（a）板刷

（b）尼龙水粉笔

（c）勾线笔

图4-64 涂刷底色所用工具

2）绘图步骤如下。

首先以铅笔勾出产品轮廓（线条稿质量不好的可以先在其他纸上画好透视线条稿，再在底色干后印画上去，以保持画面的清洁）；然后先用板刷蘸取调好的色水刷出基本的明暗关系，着大体底色，用笔要干脆；等底色干透后，用水粉笔、马克笔、彩铅等完成产品的局部刻画；最后点上高光，整体修饰。

绘图步骤示例如下所示。

①用铅笔，绘制线条图（图4-65）。这里不要使用水溶性的黑色彩铅，因后续步骤要用水粉颜料涂刷底色，有水的加入，会使得线条渗开，影响画面效果。

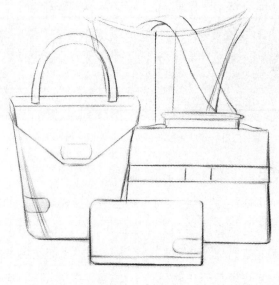

图4-65 线条图

②用板刷调红色水粉颜料着大体色彩（图4-66）。注意色彩的浓淡变化、笔触间隙及方向，可以连同背景一起着色。等底色彻底干后，再用灰色马克笔画出暗部。

图4-66　绘制底色、暗部

注　意

● 调颜料用水多、用粉少。水粉颜料着色干后，整体的色彩会变浅，所以水不要过多；而且，颜料过稀，底色干透的时间越长。

● 尽量一次调够要用的色水，宁多勿少。如果涂刷了部分画面后才发现颜料不够用了，再去调颜料，那么涂刷过的部分纸张由于吸水会变皱，再次涂刷会影响画面的整体效果。

● 涂刷底色的时候，要一气呵成，干脆利落；否则，中途停止，会出现纸面褶皱的情况。

● 如果要表现出丰富的底色，可以等一层底色干后，再次涂刷一层较薄的色水；但该方法费时费力，不建议常用。

● 在涂刷的过程中，笔触的方向要有变化，太过整齐的笔触反而会显得呆板；建议使用"之"字形的笔触。

● 涂刷的时候，板刷形成的笔触会出现不光滑的毛糙的部分，或者在涂刷时画面有自然形成的留白部分，这些反而会使得画面自然感增强，不需过分修改。有时候，纸张的纹理和自然的笔触会产生特殊的视觉效果。

---

③用灰色马克笔画出过渡面及包包肩带等细节部分，如图4-67所示。

④用白色颜料画出高光部分。注意皮包的针脚线、肩带上的高反光金属扣等细节，如图4-68所示。

图4-67　过渡面处理

图4-68　高光处理（嘉兴学院　工设122　朱闻樱）

　　3）不同应用举例。几种不同应用的实际示例详如下。

　　双底色应用：应用底色绘图时，也可根据产品配色需要采用双底色应用。但这种方法如果控制不好，双底色衔接的部分会出现互渗，弄脏画面，如图4-69所示。

　　底色作为画面背景，表现透明材质，如图4-70所示。

　　底色作为画面背景，烘托抽象气氛，如图4-71所示。

图4-69 （嘉兴学院　工设082　余冠波)

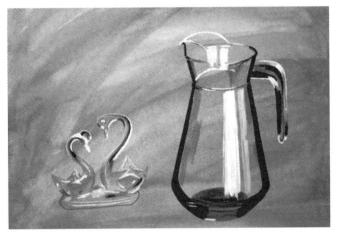

图4-70 （嘉兴学院　工设052　乐冰清)

图4-71 （嘉兴学院　工设051　鱼游)

其他底色表现图如图4-72所示。

(a) （嘉兴学院　工设051　鱼游)

(b) (嘉兴学院 工设071 王玉亨)

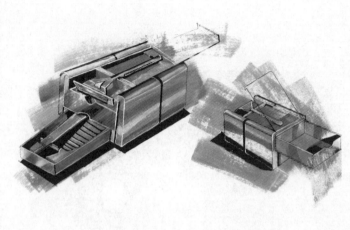

(c) (嘉兴学院 工设082 黄银可)

图4-72

总结：应用水粉颜料自行涂刷颜色，作底色绘图，最终的画面效果视觉冲击力强。但在绘图过程中，需要等待底色干透后才能进行后续的细节刻画；并且，如果水分控制不好、纸张选择不当都会影响画面的整体效果。

建议在作图时，局部使用水粉颜料，配合马克笔、彩色铅笔等工具，发挥不同工具的优势，达到高质量且快速作图的目的。

2.高光技法

高光技法是在底色技法的基础上发展起来的，即在深暗色甚至黑色的纸上，描绘产品主体轮廓和转折处的高光和反光来表现产品的造型。高光技法着力于表现产品形态的明暗关系，忽略或高度概括产品色彩的表现，明暗层次更提炼、概括；主要运用水粉颜料、彩色铅笔、色粉、高光笔等描绘。

案例如图4-73至图4-75所示。

图4-73 (嘉兴学院 工设112 江贞燕)

图4-74 (嘉兴学院 工设072 颜佩佩)

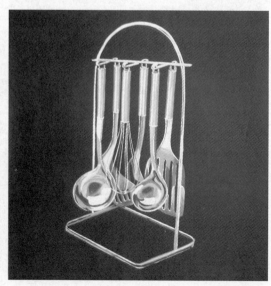

图4-75 (嘉兴学院 工设071 金灵超)

五、综合技法

要求：参考优秀的手绘图，用自己熟练的手绘工具和表现方法重新绘制；同时，根据原图，进行想象，画出不同于原图的视角，提高空间想象力。

目的：综合应用表现工具，思考用自己的表现方法如何达到相同的表现目的。

示例1（图4-76）：

原图，如图4-76（a）所示，采用马克笔色粉绘制。

重新绘制，如图4-76（b）所示：黑色彩铅直接起线稿，并将原图的视角进行想象，画出不同于原图的视角。在线稿的基础上，使用马克笔略施淡彩，结合留白表现。

(a) 原图   (b) 重新绘制

图4-76 （嘉兴学院 工设122 高珊珊）

示例2（图4-77至图4-79）：

原图，如图4-77，以水性颜料作图，施加一定的画面背景，使画面显得活泼、不呆板。背景颜色与汽车主体色彩保持一致，整体配色不凌乱。

图4-77 原图

重新绘制1，如图4-78：黑色彩铅直接起线稿，并将原图的视角进行想象，画出不同于原图的视角。在线稿的基础上，汽车主体的黄色部分采用彩铅，结合少量色粉，大量留白，表现高反光的效果；汽车其余部分使用马克笔表现。

图4-78　重新绘制1（嘉兴学院 工设N091 黄慧衡）

重新绘制2，如图4-79：在铅笔线稿的基础上使用黑色签字笔过线。汽车主体的黄色部分采用较浓厚的色粉擦涂，结合留白表现高反光效果；汽车轮胎部分也是突出使用色粉；其余部分应用马克笔结合色粉完成；背景使用色粉，模仿原图效果。

图4-79　重新绘制2（嘉兴学院　工设N071　林春苗）

示例3（图4-80）：

原图，如图4-80（a）所示：采用红色色纸，结合底色技法绘制。

重新绘制，如图4-80（b）所示：将原图的视角进行想象，画出不同于原图的视角；在线稿的基础上自行涂刷底色；待干透后，使用马克笔、白色颜料等进行绘图。

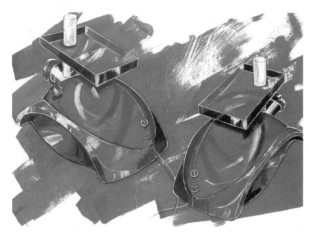

（a）原图　　　　　　　　（b）重新绘制

图4-80 （嘉兴学院 工设082 王佳）

示例4（图4-81）：

原图，如图4-81（a）所示：采用马克笔色粉，并使用不同于产品主体的暖色色粉绘制块状背景，凸显主体。

重新绘制，如图4-81（b）所示：将原图的视角进行想象，画出不同于原图的视角。在线稿的基础上，使用黑、灰马克笔表现明暗交界线及阴影；少量蓝色色粉表现天光的反射。

（a）原图　　　　　　　　（b）重新绘制

图4-81 （嘉兴学院 工设102 张勋）

示例5（图4-82）：

原图，如图4-82（a）所示：在色纸上，采用马克笔色粉作图。

重新绘制，如图4-82（b）所示：采用蓝色彩铅起线稿和着色，配合黑色彩铅表现产品暗部；由于是在白色纸上作图，故大面积留白以表现产品亮部。

（a）原图

（b）重新绘制

图4-82　**威者**（嘉兴学院　工设112　江贞燕）

示例6：

两组原图，如图4-83（a）所示：采用马克笔结合色粉作图。

重新绘制，如图4-83（b）所示：采用黑色彩铅起线稿，配合黄色、红色彩铅表现产品的固有色。

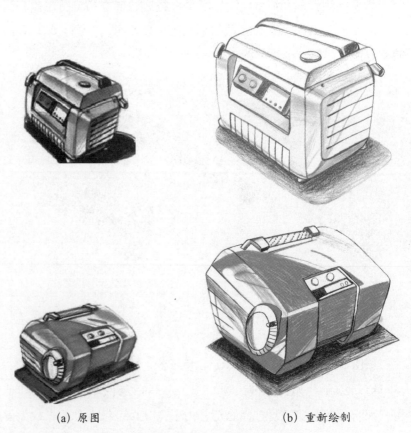

（a）原图　　　　　　　　　　　　（b）重新绘制

图4-83　（嘉兴学院　工设112　黄嘉波）

第二节　写生训练

如果直接从常用技法训练（主要以临摹为主）结束就进入设计方案图构思展现，很多人往往会不知所措。所以本节的教学目的是过渡训练方法，即面对一个工业产品，如何选用手绘工具将其主要特征表现出来。同时加入产品设计方案版面表现的内容，以便后续章节内容的教学。

一、工业产品摄影照片写生

要求：参考产品摄影照片或计算机渲染图综合应用表现技法，清晰表现产品特征。

目的：在常用手绘技法训练的基础上，应用手绘工具；并思考应用哪些表现工具和方法进行绘制（马克笔技法表现、彩色铅笔技法表现等），清晰表现产品特征，注重表现结果。

详细步骤及说明如下。

（1）产品摄影照片或计算机渲染图为手绘训练提供产品形态、色彩、视角、光影、材质；在练习时，首先需根据照片中提供的产品形态、视角，提炼产品轮廓，完成线条图。

（2）借助产品摄影照片或计算机渲染图中的光影信息分析明暗。

（3）选用常用的手绘工具和技法，在前两步骤的基础上继续完成产品色彩、材质等表现。

产品照片写生示例分析如图4-84所示。

冷灰色系马克笔表现过渡面

黑色马克笔运用形成产品的暗面

留白表现高光，同时黑白对比明显，凸显金属光泽的质感

图4-84　（嘉兴学院　工设N071　黄倩）

产品照片写生示例如图4-85至图4-100所示。

图4-85 （嘉兴学院　工设112　江贞燕）

图4-86 （嘉兴学院　工设091　陆维莲）

图4-87 （嘉兴学院　工设091　胡季燕）

图4-88 （嘉兴学院　工设101　党心宇）

图4-89 （嘉兴学院 工设102 康静茹）

图4-90 （嘉兴学院 工设111 叶珊珊）

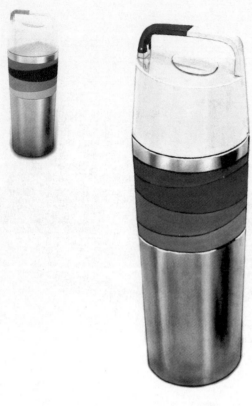

图4-91　（嘉兴学院　工设112　陈瑶）

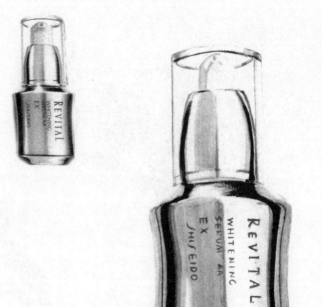

图4-92　（嘉兴学院　工设111　刘雯靖）

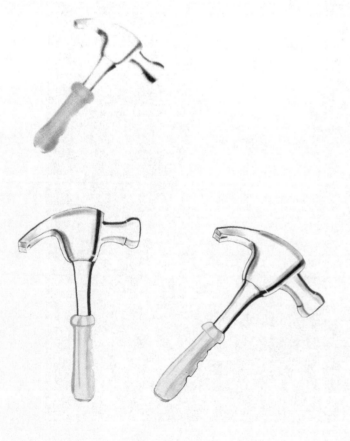

图4-93　（嘉兴学院　工设112　王亚容）

图4-94　（嘉兴学院　工设112　曹斌）

图4-95 （嘉兴学院 工设122 张雅婷）

图4-96 （嘉兴学院 工设122 张雅婷）

图4-97 （嘉兴学院 工设122 郭亚琼）

图4-98 （嘉兴学院 工设122 郭亚琼）

79

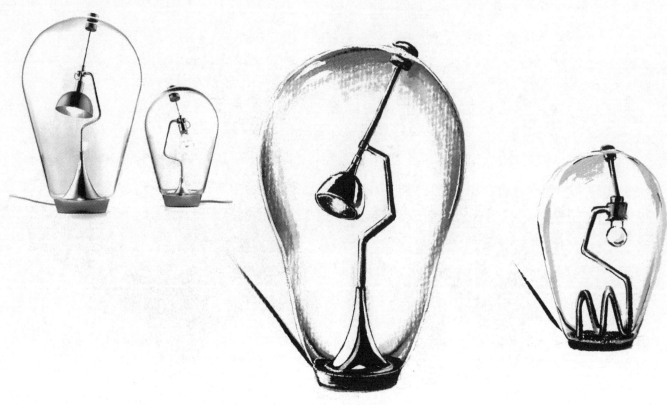

图4-99 （嘉兴学院　工设121　蒋秋霞）

图4-100 （嘉兴学院　工设081　楼欢）

二、工业产品实物写生

要求：参考实际产品，综合应用产品手绘表现技法清晰表现产品特征。

目的：通过观察实际产品的功能、结构、材料、色彩，综合应用手绘表现技法，达到清晰表现产品特征的目的。工业设计专业的学生不仅要掌握产品手绘技法，更重要的是从形态、加工技术、材料选择、表面处理等方面理解工业产品。通过产品实物写生，培养眼（观察产品结构、功能、质感等）、脑（思考、理解产品形式追随功能）、手（徒手表现产品整体透视图、三视图、剖视图、局部细节图、结构分解图等）的协调能力。

1. 步骤及说明

（1）选择视角并以多视角形成产品线图。产品实物为手绘训练提供产品形态、功能、色彩、材质。与前面产品照片写生比较，缺少明显的光影和固定的产品视角。在练习时，根据产品实物，通过认真观察选择绘图视角（选择能包含产品最多特征信息的视角），提炼产品轮廓，用线图从功能、结构、使用方式等方面结合产品整体透视图、局部放大图等表现产品特征。

在进行产品实物写生时，可以先借助拍照的方法，体会透视和选择产品视角，如图4-101所示。由于产品实物距离人的眼睛较近，尤其是体积小的产品，就忽略了透视，产品照片会帮助绘图者体会透视。拍摄不同视角的照片，也可帮助绘图者从多张不同视角的照片中选择合适的多视角表现产品；同时，借助照片中产品的光影信息，可以分析明暗和着色处理。

图4-101 多视角拍摄产品实物

> **注 意**
>
> 拍摄产品的背景最好选用白色，以免受到背景色对产品固有色的影响；但对于反光不是很强的产品，可以使用白色以外的背景色。如图4-101黄色卷笔刀这组实物拍摄照片。

（2）着色。通过认真观察产品，并根据光照方向确定产品明暗面，在线条稿的基础上选用常用的手绘工具和技法参照产品实物进行产品着色表现，体现产品的材质、色彩。

实物写生案例分析

案例分析1：电水壶的实物写生，体现两组不同的表现效果。

表现效果1：采用冷灰色马克笔，简略表现浅灰色水壶，线条肯定、有力（图4–102）。

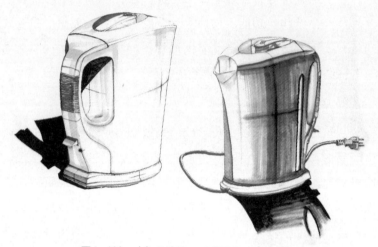

图4–102 （嘉兴学院 工设072 陈海洋）

表现效果2：采用冷灰色马克笔，配合黑色色粉处理暗部和过渡面。马克笔笔触上面覆盖色粉，整体效果看起来细腻、自然（图4–103）。

图4–103 （嘉兴学院 工设072 颜佩佩）

案例分析2：玩具汽车遥控器的实物写生，体现三组不同的绘图效果。

表现效果1：蓝色主体以色粉表现为主，配合同色系的马克笔进行暗部修饰。红色部分采用彩色铅笔着色。彩铅偏灰的效果和色粉偏淡的表现效果一致（图4-104）。

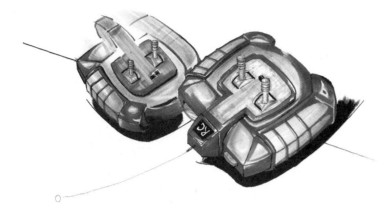

图4-104 （嘉兴学院 工设071 吴全栋）

表现效果2：采用马克笔表现产品。应用蓝色系和红色系分别做出两种着色效果。应用同色系不同明度的马克笔表现产品（图4-105）。

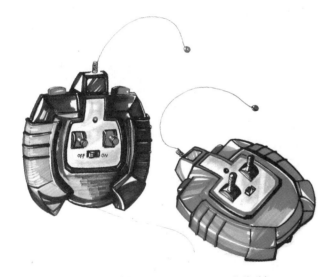

图4-105 （嘉兴学院 工设07 毛琳琳）

表现效果3：采用马克笔多视角表现产品整体和局部（图4-106）。

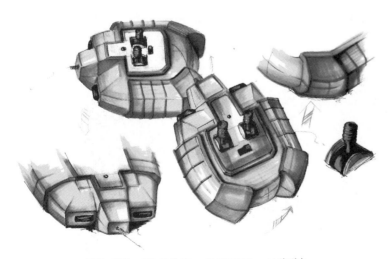

图4-106 （嘉兴学院 工设N071 刘芳芳）

美工刀的实物写生，两组不同的绘图效果。两组图均采用马克笔多视角表现产品，如图4-107、图4-108所示。

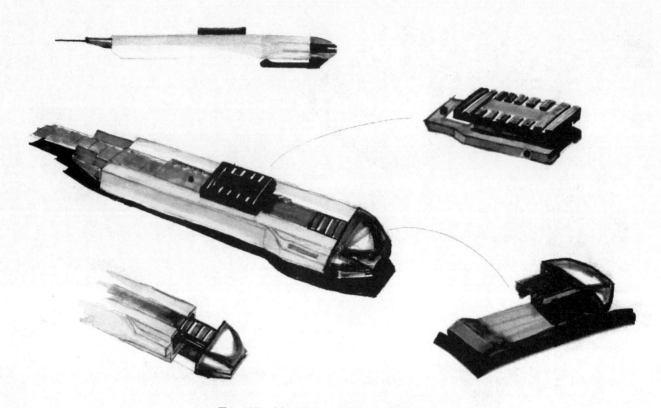

图4-107 （嘉兴学院 工设081 李洋洋）

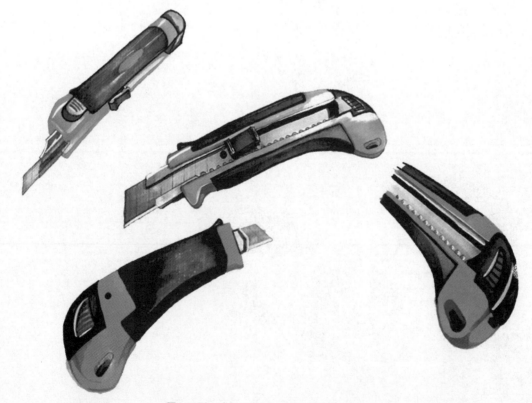

图4-108 （嘉兴学院 工设122 马飘飘）

马克笔为主的表现技法，多角度表现产品特征，如图4-109、
图4-110所示。

图4-109 （嘉兴学院　工设082　黄银可）

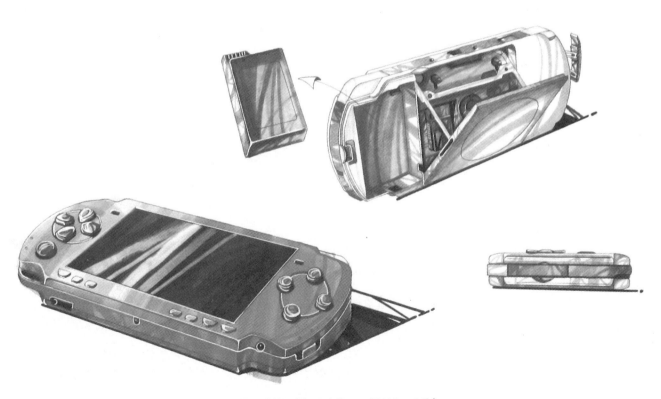

图4-110 （嘉兴学院　工设092　王飞）

2. 展版形式绘图

实物写生过程中，进行单个整体产品的绘图后，可以展版的形式进行绘制，为设计草图的展版表现打下基础。步骤说明如下。

（1）学生在进行实物写生前，要对产品进行仔细观察，理解其特征。

（2）考虑产品视角，借助拍摄照片的方法，选择视角，并在画纸的一角或草稿纸上进行版面布局（产品名称、整体透视图、局部细节图、产品使用方式图、产品外观尺寸图、结构爆炸图等）。在绘制过程中，假设该产品未上市，没有人见过，用最少的图、最佳的视角，表现完整产品的特征即可。

（3）选用自己熟练的手绘工具快速表现产品，完成正稿。

绘图示例，如图4-111所示。

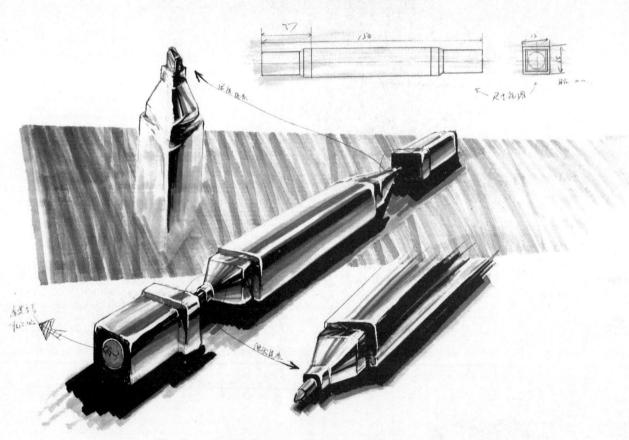

图4-111　马克笔实物写生（嘉兴学院　工设082　王益红）

如图4-111所示。马克笔为主的表现技法，多视角表现产品特征。图中采用局部放大图重点突出马克笔的粗、细双笔头造型特征。图面中间部分表现马克笔的整体形态，笔盖沿着装配中心线和笔的主体分开。这样既可以看出该物体的装配关系，也可以引出笔头细节图。整体图面有序安排，产品特征表现清晰，线条肯定有力，着色简明、概括。不足之处是背景处理有些逊色，之字线画得过于均匀。图4-112为一组以展板形式表现实物写生的作品。

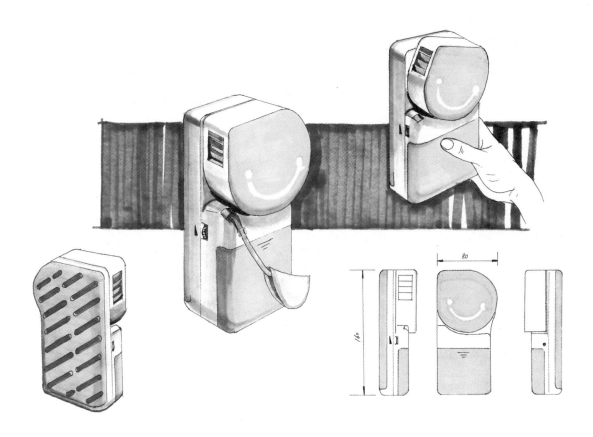

(a) （嘉兴学院　工设102　康静茹）

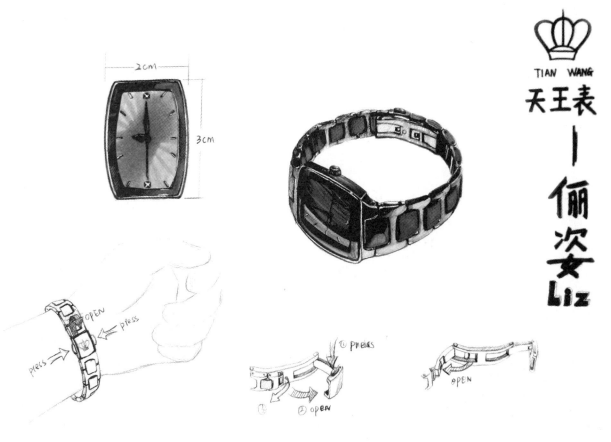

(b) （嘉兴学院　工设122　朱闻樱）

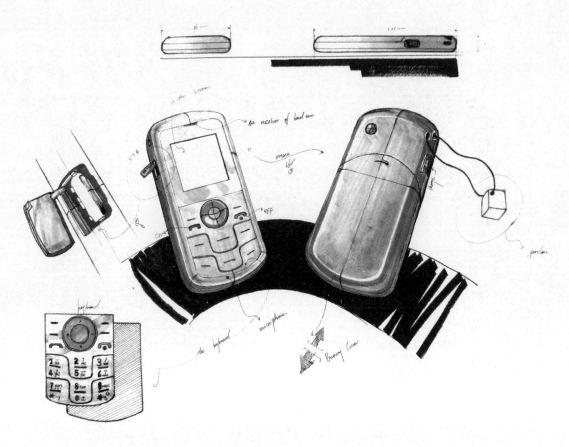

(c) (嘉兴学院　工设081　张铁琦)

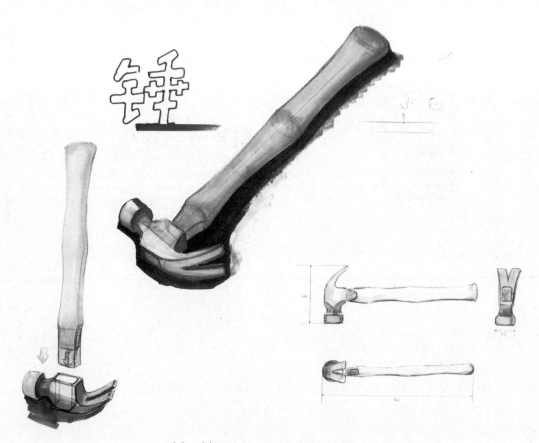

(d) (嘉兴学院　工设082　余冠波)

BB CREAM BOTTLE

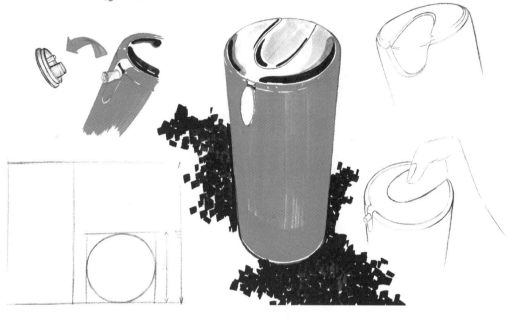

(e) (嘉兴学院 工设122 李可婷)

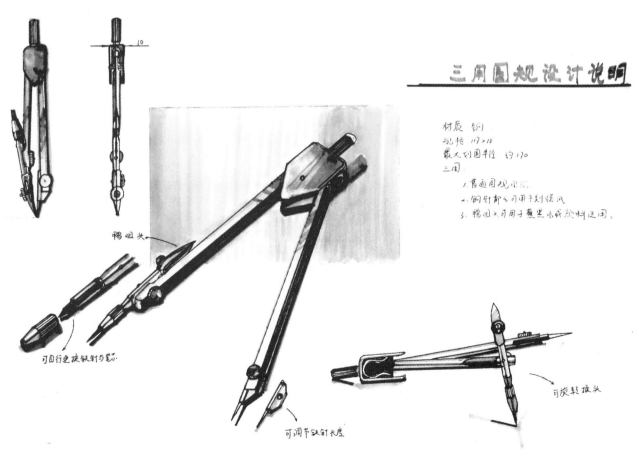

三用圆规设计说明

材质 钢.
规格 117×10
最大到圆半径 约110
三用
1.普通圆规用法.
2.钢针部分可用于刻蜡纸.
3.鸭咀头可用于蘸墨水或颜料后画圆.

鸭咀头

可自行更换钢针与笔芯.

可调节钢针长度

可旋转换头

(f) (嘉兴学院 工设102 张勋)

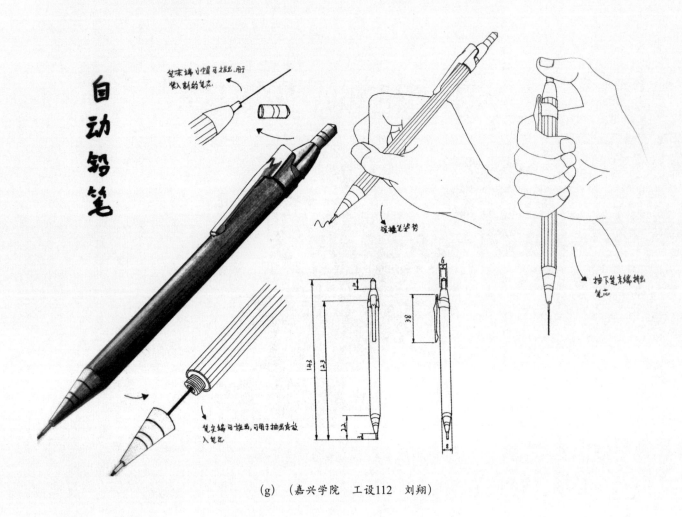

(g) （嘉兴学院　工设112　刘翔）

R&B Frame

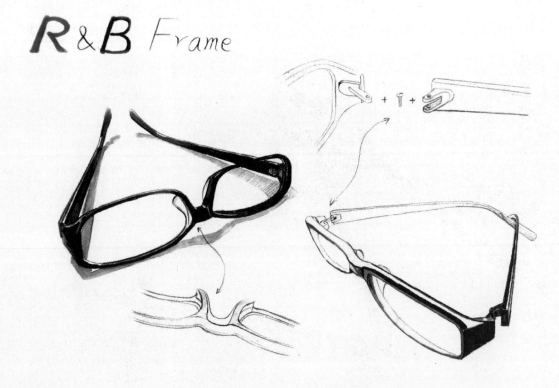

(h) （嘉兴学院　工设121　王豪杰）

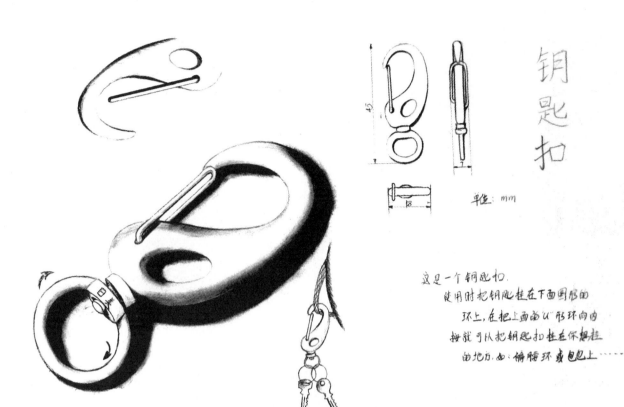

钥匙扣

单位：mm

这是一个钥匙扣.
使用时把钥匙挂在下面圆形的
环上, 在把上面的"U"形环向内
按就可以把钥匙扣挂在你想挂
的地方, 如：裤腰环或包上……

(i) （嘉兴学院　工设091　马晓慧）

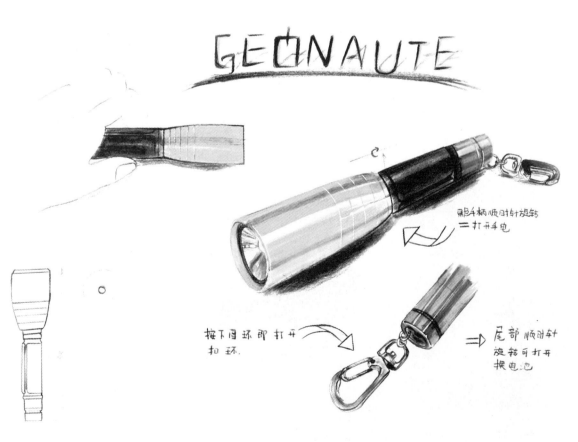

GEONAUTE

旋转手柄顺时针旋转
=打开手电

按下扣环即打开
扣环.

尾部顺时针
旋转可打开
换电池

(j) （嘉兴学院　工设122　刘倩云）

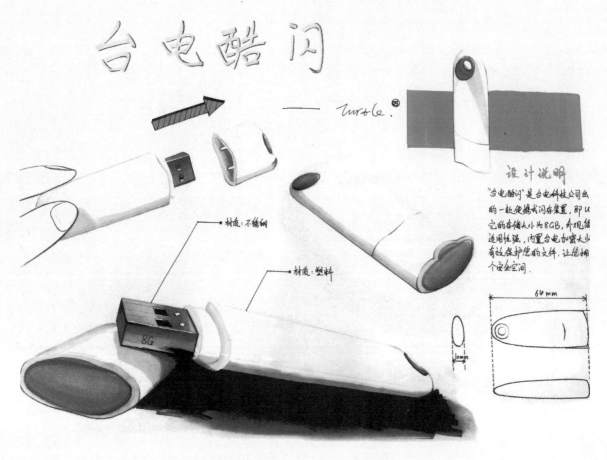

台电酷闪

——Turtle.®

设计说明

材质：不锈钢

材质：塑料

8G

"台电酷闪"是台电科技公司出的一款便携式闪存装置，即U它的存储大小为8GB，外观超适用性强，内置台电加密大小有效保护您的文件，让您拥个安全空间。

64mm

10mm

(k)（嘉兴学院　工设122　张雅婷）

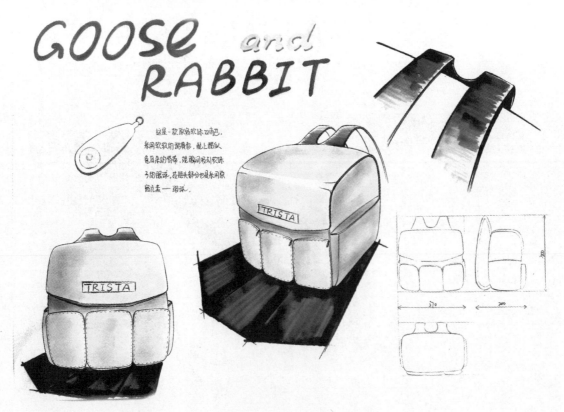

GOOSE and RABBIT

这是一款原创软味口袋包，采用软软闪光靠色，敲上酷似兔身朵的物体，脱眼间吸刘软味子的眼睛，花箱头部分也是来用原物元素一眼睛。

TRISTA

TRISTA

370　　　200

(l)（嘉兴学院　工设122　李可婷）

图4-112　设计表现

第三节　默写训练

一、产品线稿默写

1. 为什么要经历线稿默写？

临摹写生训练阶段结束后，很大一部分同学脱离参考图例或实际物品就无法下笔进行独自绘图，常常会出现整体透视变形、整体透视和局部透视不一致、选择的产品表现视角不佳、产品特征表现不完全、有些特征画不出来等问题。这些问题即是我们常说的绘图时手、脑不协调，也有人称为心、手、脑不协调。这样的状态是无法进行高质量的设计草图绘制的。

产品线稿默写，即是略去色彩、明暗光影，回忆产品特征，重点思考产品特征的手绘表达。线稿默写后期，也可试着加入自己的构想，对产品的局部甚至全部特征进行改良，逐渐向设计构思草图过渡。

2. 如何进行线稿默写？

最初进行默写训练时，可以先观察一些优秀的线图、产品照片或者实物，进行短期记忆，并进行思考：产品有哪些特征、如何表现这些特征、选择什么视角表现等。然后丢开参考图例，独自进行绘图，直至完成。完成后对比参考图例思考：哪些特征表现得不够清晰？如何弥补？透视是否准确？

3. 使用什么工具进行线稿默写？

线稿默写的工具可以根据自己的喜好来选择。笔者建议：学生最初使用铅笔，随着练习的质量提高，手脑配合熟练后，可换成圆珠笔等；也可用笔头较细的、颜色较浅的马克笔直接画线图，以利于后续的着色默写。

二、产品着色表现默写

1. 为什么要经历着色默写？

在线稿的基础上进行着色默写，称为上色。着色默写的过程即是产品着色记忆训练的过程。在形体、透视准确的前提下，再去思考怎样着色。产品着色默写，主要是对产品色彩面积大的部分用手绘工具进行深浅、远近虚实的处理，练习处理产品与光源色、环境色之间的色彩关系的能力。这种练习方法不仅可以熟悉手绘工具的使用，也可熟练掌握设计图的上色能力。

2.怎么进行着色默写练习？

先认真观察一些优秀的着色的产品手绘图，或者产品照片，进行思考分析：产品色彩如何用手中的合适的工具表现？然后丢开参考图或照片，独自进行绘图，从线稿到着色直至完成，再与参考图对比找出不足，调整，总结经验。

> **注　意**
>
> 线稿控制能力提高后，在重点进行着色练习时，可以将线稿复印多张，进行不同色系的着色默写训练，可以提高对产品色彩观察分析的能力，对产品不同色调的调配能力，进而提高驾驭产品配色的能力。

3.使用什么工具进行着色默写

着色默写的工具可以根据自己的喜好来选择，在练习过程中找出上色快、效果佳的方法即可。对应相同的线稿，可以使用不同的手绘工具练习默写着色，如图4-113所示。同时可以摸索常见材质表现的工具选用。

不论是线稿默写还是着色默写，其过程都是：观察——思考——绘制——对比——再思考——调整——总结。总之，临摹阶段结束后一定要进行默写训练，否则只会临摹，很难独自绘图，更谈不上绘制构想中的设计草图。

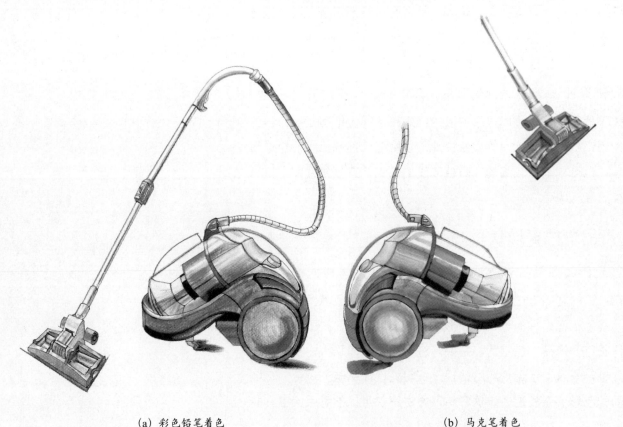

(a) 彩色铅笔着色　　　　　　　　　　　　　　(b) 马克笔着色

图4-113 （嘉兴学院　工设092　周善高）

第四节　技法要点补充

一、投影的处理

投影是产品整体光影关系中的一个重要组成部分。相对于传统绘画投影的写实性，产品手绘的投影更具有概括性，更多的是起到衬托及凸显产品特质的作用。投影应该具备一定的画面空间以突出物体的形状；投影是用来衬托物体的，不要将其表现得过大而破坏画面效果。简要概括投影的处理方法有如下几种。

①若产品的色彩鲜亮，可用明度低的马克笔进行投影绘制。

②若产品的色彩暗沉，可用明度高的马克笔进行投影绘制，或者以不着色的排线来衬托产品。

二、背景的处理

背景在产品手绘图中起到衬托及凸显产品特质的作用，且增加了画面的前后层次关系。背景还可以将画面中的不同产品进行分组，通常同一组产品会画在同一个背景中。如图4-114所示。

图4-114　同组产品画在同一背景中效果

背景处理方法概括有以下几种。

①以灰色为主的产品采用有色彩的背景，且尽量采用色彩纯度高的鲜艳背景。色彩选择不挑剔，纯色或者多色均可，但要注意绘

制背景的笔触。尽量避免看不出任何笔触或涂得光滑一片的色块，
否则会使画面显得呆板。如图4-115、图4-116所示。

图4-115 （嘉兴学院 工设052 高芳芳）

图4-116 （嘉兴学院 工设121 王豪杰）

②色彩纯度高且明度高时，可采用深灰色或者黑色背景，不容易使产品色彩和背景色彩相互冲突，画面整体效果容易把握。如图4-117所示。

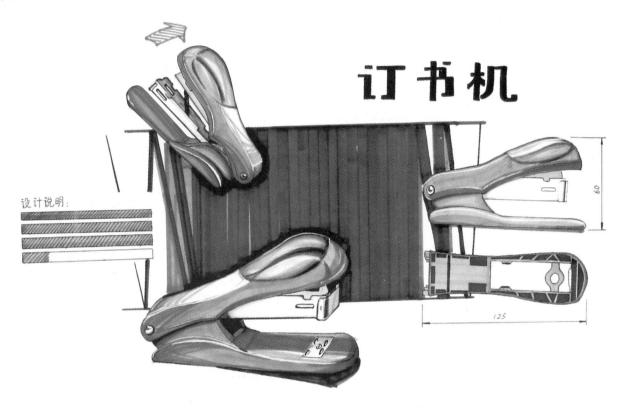

图4-117 （嘉兴学院　工设101　金聪琪）

③色彩具有一定纯度但明度低的产品，可不作上色背景，或只用画边框和填充不着色的排线作为简单背景。

④若产品是冷色调，可以尝试用暖色调作背景；反之亦然。如图4-118所示。

图4-118

⑤为了作图方便，可以用大面积的底色作画面背景，详见前述的底色高光画法。

⑥抽象背景渲染画面气氛，如图4-119至图4-121所示。

图4-118以水粉为主作图渲染画面背景，模仿天空的使用场景。

图4-119 （嘉兴学院 工设071 林志冠）

图4-120以水粉结合马克笔作图，少量色粉渲染画面背景。

图4-120 （嘉兴学院 工设062 葛瑶瑶）

图4-121以水粉颜料为主作图，采用黑色色粉渲染画面背景。

⑦材质表现作为背景，如将表面粗糙的木纹材质作为背景烘托高反光材质类的产品，如图4-122所示。

⑧采用与产品使用相关的场景照片作画面背景。将手绘图扫描，在二维设计软件如PS中与照片合成，手绘图结合照片。照片虚化，不能喧宾夺主。这种设计图的背景处理在展示设计方案的时候适合使用。

图4-121 （嘉兴学院 工设071 郑春燕）

图4-122 （嘉兴学院 工设121 赖乙文）

三、视角

1.多视角表现产品

从各个视角表现产品，将产品的特征表现清楚，详见第三章中的产品整体形态的线稿练习方法部分。在练习中体会在什么角度观看能最大程度地表达产品的特征。

2.视角选择

（1）平视：视点和视平线齐高。如图4-123所示。

（2）俯视：视点高于视平线。以长方体为例，表现顶面、左面、右面三个面，利用两点透视法，适合最大化表现产品特征。如图4-124所示。

图4-123 （嘉兴学院 工设121 吴易）

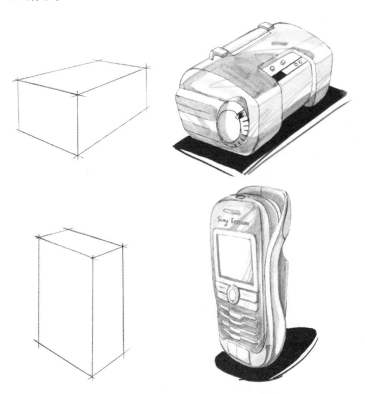

图4-124 （嘉兴学院 工设111 潘云帅）

（3）仰视：视点低于视平线。在表现物体的高大时，通常采用仰视。如图4-125所示。

图4-125　（嘉兴学院　工设111　潘云卿）

第 5 章 产品设计手绘方案草图综合表现

第一节　设计分析

从常用产品表现技法学习——写生训练（产品照片写生、实物写生）——默写训练，经过大量的手绘技法练习，可能大部分的同学还处在对产品表现图的临摹和对实物写生的阶段，针对个人的独立构思设计图表现还有一定的距离。如图5-1所示，将个人的设计构思清晰展现出来，逐渐实现想到就能画出的目的，还需进行设计草图的练习。

每一个设计方案的确定，都需要设计分析，才能完成设计概念的确定，最后才能形成方案的清晰表现。设计分析即在设计绘图之初进行设计推敲，以便展现设计思路及设计方案的思考过程，如

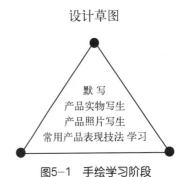

图5-1　手绘学习阶段

101

产品的使用人群、使用场合、特定条件下的设计要求（或者限制）等。在分析的基础上，画出简要的推敲图，如整体形态推敲、连接结构推敲、细节推敲等。用图形结合简要文字的方式表现如何从一个简单形逐步生成和演化出一个具体的产品。这种推敲图不用占很大的地方，不用很具体，旨在明确设计依据和目的即可。图5-2左边的笔筒设计即为产品的形态推敲。

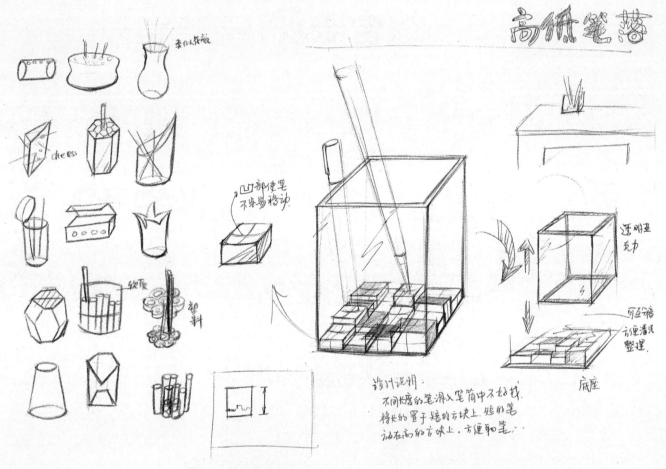

图5-2 笔筒设计草图（嘉兴学院 工设111 刘雯婧）

根据设计课题，分析以下问题。

为谁(Who)做的产品设计？

这个产品用来做什么(What)？

这个产品在哪里使用(Where)？

在什么时候（When）使用？

为什么（Why）这么设计？

以简图的形式结合简短文字逐条列出，以便理清思路，为设计方案的表现打好基础。

第二节　产品设计草图绘图要点

[本节目的] 如何将产品的特征表达清楚？ 如何借助背景、图形、符号等画面辅助元素体现主体图形的特征？

[解决] 产品设计草图画什么？怎么画？

单纯的精美的手绘效果图练习不能够体现产品设计的思考过程，更甚者仅是技法的流露。缺乏产品设计创新思维单纯训练手绘，或只有思维而表现能力达不到，都不能很好地表达设计方案。产品设计草图绘制过程是一种发现行为，是融合产品设计知识于其中的思考过程。在产品设计草图学习时，临摹优秀作品是必不可少的训练方式。但临摹暴露出来的缺点是在临摹过程中一味地只画产品的表象，对产品的结构和产品的整体形态以及结构与结构之间的关系少了思考。所以在手绘临摹练习的基础上，应进行产品设计草图的强化训练。

优秀的设计草图过程是一个动态的图解过程。设计师将图形记录于纸上，通过眼睛观察和大脑思考、判断，对原有图形进行演化。这个过程使得设计创意逐渐清晰明了。

一、认识产品设计草图

设计草图是在设计构思阶段徒手绘制的产品图形。其显著特点是：快速灵活、记录性强。

绘制草图（SKETCH）过程是一种图示或图解过程，即"图形语言化"和"语言图形化"的交互过程。"SKETCH"是一种发现行为。

二、产品设计草图的表现形式

产品设计草图表现形式可按图5-3中所列来分类。

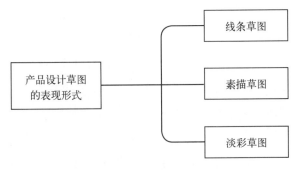

图5-3　产品设计草图表现形式分类

1.线条草图（也称线描草图）

用铅笔、圆珠笔等工具以单线形式为主勾画产品轮廓和结构的图形。可通过线条的粗细、力度、虚实、轻重等变化，表现出一定的体量感。便携式笔袋线条草图，如图5-4所示。

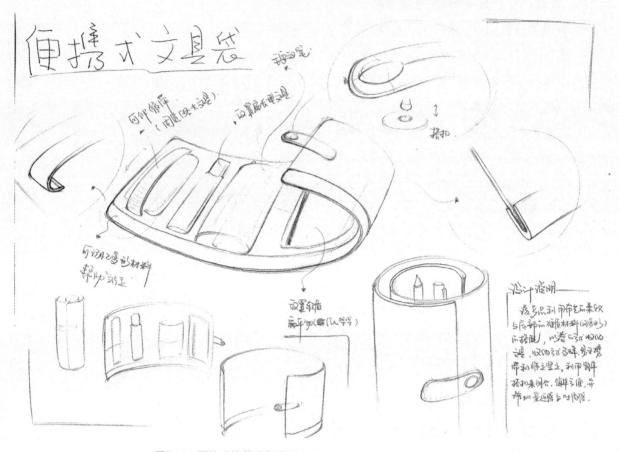

图5-4　便携式笔袋线条草图（嘉兴学院　工设111　娄舒婷）

2.素描草图

在线描草图形式的基础上，加上明暗色调层次的表现，即成为素描形式的草图。

如图5-5所示为沙漠救援机设计草图。该方案采用了仿生设计的方法。海龟可以在沙中潜行，也可以在海水中游动，因为特殊的身体构造使得它可以毫不费力地随着洋流漂流。沙漠就如同一个高密度介质的海洋，在沙漠中行驶的交通工具完全可以借鉴海龟的游动原理来进行设计。同时，借助海龟扁平的身体造型设计出的此类交通工具可以趴在沙地上，这样就不用担心风暴袭击造成的翻车危险。扁平造型的车身还可以最大限度地与沙地接触，充分分摊车身重量对沙地造成的压力，避免下陷沙中的危险，如同海龟的四肢，车身侧面的四只动力桨在为救援车向前行进提供动力的同时，还能不断自动调整来保持车身的平衡，防止侧翻陷入沙中。为了使救援车在沙地中畅通行驶，车首部分配备了两组可伸缩钻头，用来突破地形，击碎砂石，将沙地钻击松软，为车身消除障碍。

造型缺点：车头部呈钝状，这样该沙漠救援机在潜入沙地行驶的时候增加了阻力，难以实现速度上的突破。

图5-5　沙漠救援机设计草图1（嘉兴学院　工设092　王飞）

如图5-6所示，该方案也采用了仿生设计的方法，仿生对象仍然是海龟。为了使救援车在沙地中畅通行驶，车首部分配备了两组可伸缩钻头，用来突破地形，击碎砂石，将沙地钻击松软，为车身消除障碍。该方案新颖地引入了前舵的概念，由于救援艇需要根据不同情况在沙地中进行下潜或上浮的动作，因此在车首部配置了前舵，来引导车身上浮或下潜的路径。另一方面，前舵的存在使救援艇前部形成尖凸造型，为开辟道路提供有利条件，能够减小行进途中的阻力。

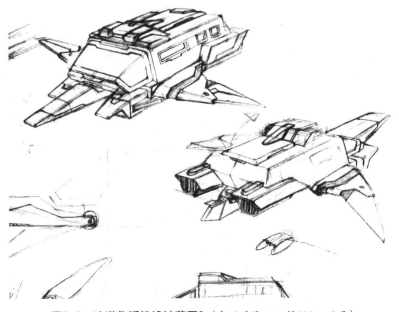

图5-6　沙漠救援机设计草图2（嘉兴学院　工设092　王飞）

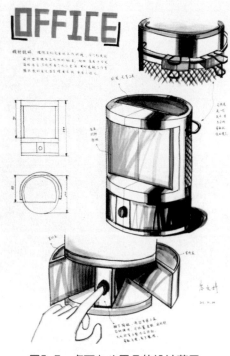

图5-7　桌面办公用具的设计草图
（嘉兴学院　工设N091　岑文婷）

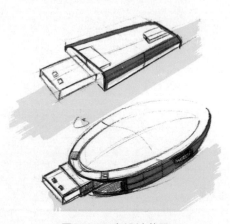

图5-8　U盘设计草图

3. 淡彩草图

在线描草图的基础上，施以简略而明快的淡彩来表现一定的色彩关系或配色方案草图。可读性较好。如图5-7、图5-8所示。

淡彩草图表现注意要点：表现简洁、明快和大的色彩关系，避免过于复杂丰富的色彩描绘，运笔要肯定、简练；应用快速、简洁的图形语言来表达产品的基本特征与信息，不必过分渲染和描绘细节。

三、设计草图应该画什么

我们可以这样认为：设计思维探索+视觉化表达=产品设计图。

设计草图过程和产品设计知识相融合。视觉化表达产品设计思路，即指习惯用图记录设计构想，同时融产品设计形态、材料、加工工艺、产品关键结构、人机工程学、设计色彩等知识于其中。注重设计概念的推敲及设计草图表现方法的应用，训练产品设计思维展现能力。应用多样的图形，从产品功能、结构、尺寸、人机、色彩等方面清晰再现设计构想，如设计概念推敲图、剖视图、局部细节放大图、产品使用图（用简明易懂的图像来表现所设计的产品应如何使用）等。另外，在此基础上，培养学生设计草图的综合表现能力。

在进行设计草图时，借助提问的形式，明确设计草图应画哪些内容。如：

如何将产品的特征表达清晰？

如何将产品的操作过程表达清晰？

如何借助背景、图形、符号等元素体现主体图形的特征……

四、设计草图怎么画

1. 设计草图画面表现元素

在掌握扎实的手绘基本功之后，在二维纸面充分利用图文结合的方式表现产品设计方案，即产品设计草图，主要包括图形表现和画面辅助元素表现，如图5-9所示。

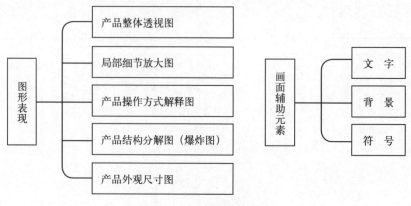

图5-9　设计草图表现元素

（1）图形表现。设计草图画面图形从以下几个方面着手绘制。

①产品整体透视图。利用产品整体透视图，多角度表达产品，使读者先对设计方案有一个整体认识。当设计师思考出某个可行的具体产品形象时，这个形象的各个面会随着绘图的进展而逐渐被"看"清楚。在产品设计草图中，表现产品整体形态的图，我们可以称之为主图。围绕主图，再结合其他的辅助图形和文字、符号来清晰表现产品方案。

绘制产品整体透视图时，特别强调注意产品视角的选择，要能最大化地体现产品的特征。

②局部细节放大图。由于画面有限，在产品整体透视图中有些局部特征表现得不够清楚或角度不佳的位置表达得不清晰，都需要用局部放大图来体现。如图5-10所示，折叠眼镜的镜架部分，采用伸缩式，在整体透视图上不易于表达清楚，需要单独作局部细节放大图。

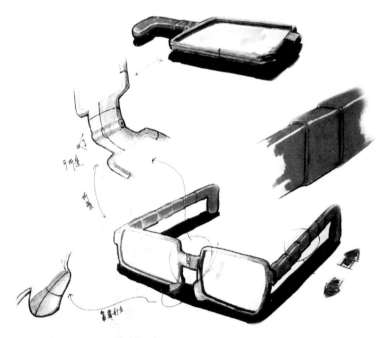

图5-10　折叠眼镜设计草图（嘉兴学院　工设081　张铁琦）

③产品操作方式解释图。结合产品使用场景（或称为产品语境），通过产品的使用环境图、产品使用的步骤图来展现产品的操作过程、产品与人体间可能的关系组合（如携带方式等）。这些需要应用一些人体简图结合产品草图来表现，如人的手部图、人体运动形态图等。如果能形成完整的产品设计故事图（或称故事板），那就会使得产品设计意图展现得更为直观。

另外，情景图也可增加设计表现的趣味性，如图5-11、图5-12所示。

图5-11中的机器人脚踩流质物的情景增加了设计表现的趣味性，使本无任何动感的机器人瞬间活跃起来。

图5-12中的金属小人在演奏乐器，图中加入了跳动的音符，仿佛悦耳的音乐声连绵不断，趣味盎然。

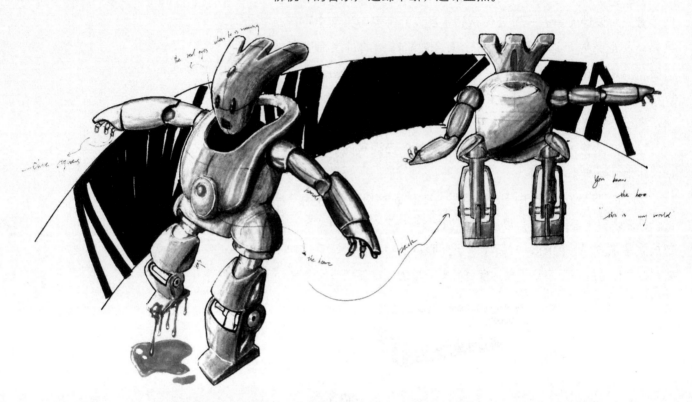

图5-11　机器人玩具设计（嘉兴学院　工设081　张铁琦）

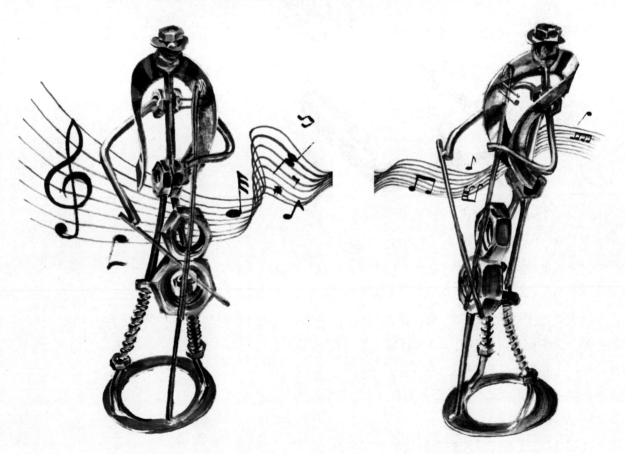

图5-12　金属玩偶小人（嘉兴学院　工设072　陈海洋）

④产品结构分解图（爆炸图）。在设计过程中，完成外观设计环节后，就要考虑产品结构的问题了。产品设计师需要与结构工程师沟通、调整、协调各种问题。外观和结构创新是其一，更重要的是还要求结构必须稳定、可靠，易于使用等。在与工程师交流某些结构问题时，说明性草图会更具有说服力。设计者无需对草图做过多的修饰，而尽量客观地传达设计意图，防止交流中产生个人偏向性。说明性的产品草图包括产品的侧视图、结构分解图等，如图5-13所示。侧视图所表现的物体不带任何透视关系，简单、明确地呈现设计者的设计意图。产品的结构分解图是表现产品的内部结构，它是用来揭示内部零件与外壳各部分之间的关系，通常可以作为工程与结构设计的参考，用来探讨装配时可能遇到的各种潜在问题。有时候为了展示物体的内部结构或者揭示某些被遮挡住的信息，需要作剖视图，清晰展现所要表现的结构细节。在产品设计草图阶段，如果可以做到这一步，那设计者的设计目标就已经很清晰了。

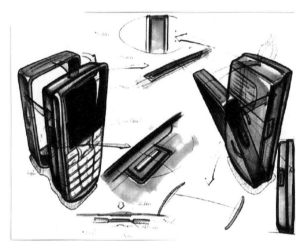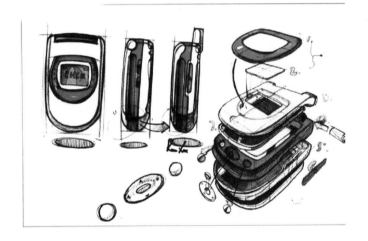

图5-13　手机结构分解图（图片来源：www.billwang.net）

⑤产品外观尺寸图。在设计草图中须含有产品外观尺寸图。对于产品的大小、高低、薄厚，在设计时中要有思考。没有尺寸考虑的设计方案是不完整的，在设计后期方案细化时，发现有些功能和产品尺寸有矛盾，导致所有的前期设计重新修改，给设计进度带来了很大的障碍。绘制设计草图过程中，主要是从人机工程学方面考虑产品尺寸，即通常所说的人机尺寸。很多同学在画草图的时候都忽略了这一点，产品的外观和功能设计虽然看起来"挺好的"，但经不住仔细推敲人机关系。通常可以用三视图标注尺寸表现。

（2）画面辅助元素表现。设计草图中还应包括背景、文字、符号等画面辅助强调元素。在图形表现后，加入图形的背景，会在画面清晰凸显产品的特点，详见第四章第四节中的背景处理。简短概括的词、短语用来配合图形解释设计方案的特点。整个设计方案的设计说明也需要以文字形式言简意赅地表达出设计理念。

设计草图中的一些符号，如箭头，有强烈的指示作用，对表现产品的开合、转折等方案特征指示都有很重要的作用。如图5-14所示：图5-14（a）部分箭头，用于从整体图中直接指引出某处；图5-14（b）部分箭头，可以用来表示产品视角的变化；图5-14（c）部分箭头，用来表示产品某活动部件的直线方向指示；图5-14（d）部分箭头，用来表示产品某处的转动。表示转动的箭头画法如图5-15所示。

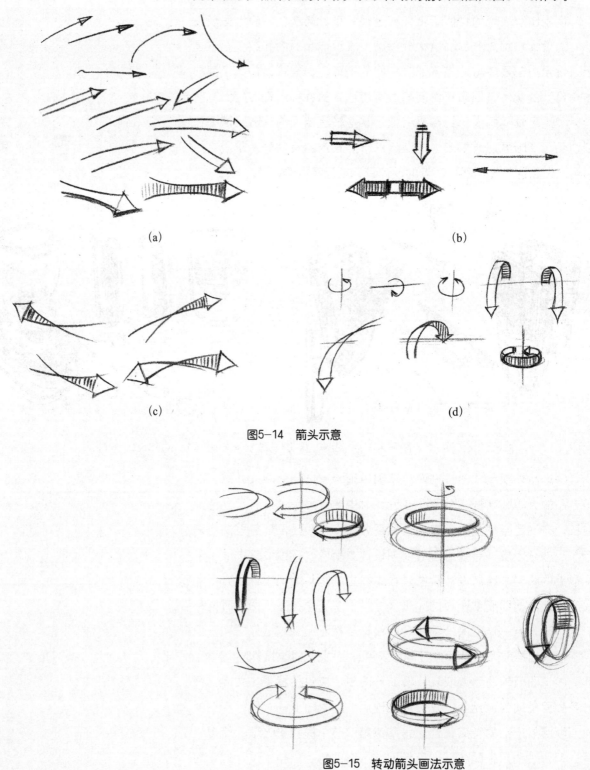

(a)

(b)

(c)

(d)

图5-14　箭头示意

图5-15　转动箭头画法示意

设计草图中需要强调的关键部分，通常会用较浅的较细的大圆圈圈出。

设计草图可以说明设计对象的基本形式和空间结构特征，捕捉、表达设计师的构思，展现多样化的设计方案。在设计草图过程中，我们不能保证把每一笔画得仔细，但可以调整后一笔，或者后面的表现图，使它顺应前面的设计表现效果。

2. 设计草图版面表现

设计草图展现在二维纸面上，为了便于读图，通常要注意版面设计。排版的关键部分就是突出、放大创意点，让别人很容易看懂设计师的想法。画面颜色最好不要超过三种（灰色系列不算颜色）。

设计草图版面主要包括图形（主图+辅图）、画面辅助元素（文字、背景、箭头等）、设计主题、设计说明，如图5-16所示。在设计草图版面中，图形表现要分主次，如以产品整体透视图为主，其他辅助说明的图形即为辅图，包括局部细节放大图、产品操作方式图等。产品主图相较于辅图所占画面面积较大，居于视觉中心。

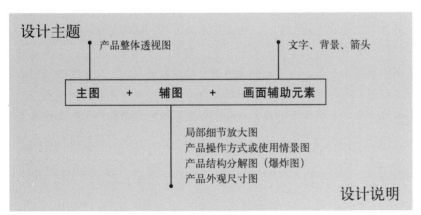

图5-16 设计草图版面内容

（1）设计草图版面整体构图。

1）首先确定幅式。根据产品的基本形状来确定横、竖或正方的幅面。较扁的产品采用横式，较瘦高的产品采用竖式，较方正的产品采用横式或者正方的幅面。

2）其次进行画面构图。

主图放置的位置：根据人的视觉规律，人的视觉中心在画面的几何中心（长方形对角线交点）偏上一点，因此产品主体，即主图放置的位置就应该在视觉中心附近。产品主图完全放置于画面几何中心，有时会显得过于呆板。产品主图在画面上的位置过于偏上或偏下、偏左或者偏右都会使得画面显得不平衡，出现一头重一头轻的不良感觉。根据产品的朝向，略为增加产品主面朝向的空间会较舒适和通透。

主图的大小：要根据产品的体量控制构图。体量小的产品画得较小一些，采用两点或者一点透视法，俯视角度即可；体量大的产品画得较大一些，可以适当采用三点透视法，仰视角度，以此表现实际产品的高大，如大卡车等。

画面容量：即画面上产品所占面积要控制得当。画面容量太小，显得空旷、冷清；太大，画面显得拥挤、太过饱满，看起来不舒适。设计草图版面中要有适当留白，画面会显得轻松、透气、不拥挤。

总之尽量做到主体分明，疏密有致。

> **注　意**
>
> 　　画面整体构图练习：设计草案确定后，可以在画纸的一角或者草稿纸上，用简单的线条勾勒出整体的构图样例，思考、推敲并确定恰当的视角、幅式及整体构图。争取做到"突出重点，平衡协调"，突出产品主图，辅助内容围绕主图展开。
>
> 　　画面表现技法练习：可以将画好的线条图扫描或者复印多张，选用适合的绘图工具快速上色，每幅20分钟左右，每幅都应有区分，或冷调，或暖调，或亮调，或灰调，不必拘泥于细节，推敲和确定画面的色彩基调及色块配置，挑出最有感染力的一幅作正稿时的参考。
>
> 　　画面所有图是否都着色？如果全部着色，就失去了重点。一般将整体透视图着色，对于局部细节图、操作方式展示、尺寸图等线图表现即可。这样在整个设计草图版面中容易形成视觉焦点。如果是几个相近方案的表现草图，只需将每个方案草图中特别部分，即局部着色或线条加粗强调即可。这样容易对比出不同点，看到设计图的重点。

（2）设计主题。设计主题即为所设计的产品命名，突出产品的最大特点，明确设计者的目的。设计主题应该醒目，明确设计内容，要点如下。

1）设计主题的表述。在此简要列出以下几种主题表述。

直白式主题表述。如：便携式播放器，再利用包装盒、盲人音乐播放器、多功能救援运输担架、示温杯、吸尘器设计、智能路牌、南湖菱路灯、石桥式座椅、红船候车亭设计等。

红船候车亭设计草图如5-17所示。红船是指浙江嘉兴南湖红船，又称南湖革命纪念船，位于浙江省嘉兴市南湖中，象征中国共产党的诞生地。设计者以红船为设计元素，为嘉兴市设计公共候车亭，体现嘉兴的红色文化。在为设计方案命名时，直接表述这一设计思想。

主副标题式主题表述。如：OPEN-SHARE——户外共用手电筒设计；"优复椅"——肛肠病人的恢复椅；深呼吸——便携式抽油烟机；沉浮——汽车防水保护垫等。主标题概括设计的目的或者特点，副标题表述是何种产品。

高度概括式主题表述。如图5-10所示中的眼镜改良设计，特点是通过镜腿伸缩、镜架折叠来减少眼镜的体积，所以命名为Smaller，突出体积小的特点。

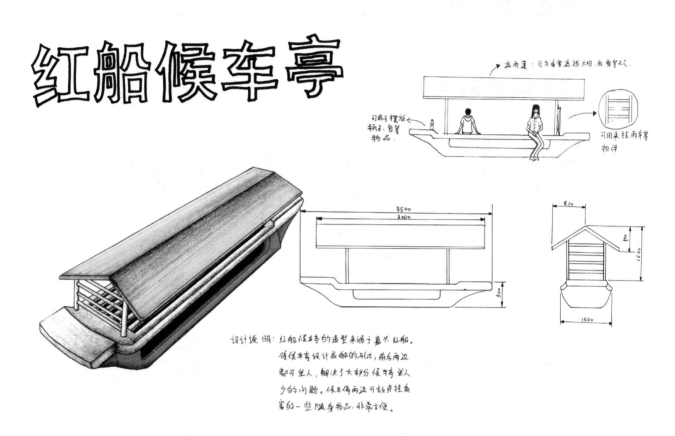

图5-17　红船候车亭设计草图（嘉兴学院　工设112　刘翔）

2）设计主题的字体、色彩。设计主题的字体避免采用手写体，尽量"画"出。建议练习和使用POP字体，并可适当修饰字的周边，但不宜过多。如图5-18所示。设计主题的色彩与画面整体配色一致，不会显得突兀；也可采用其他色彩，但须做到整体色彩协调。

（3）设计说明

1）设计说明的内容。即用简短的文字概括性地说明产品设计方案的特点。在撰写的时候，应体现出设计的目的，该设计有哪些显著特点？设计来源是什么？

如"OPEN-SHARE——户外共用手电筒设计"这个主题的设计说明：OPEN-SHARE的设计灵感来源于竹子，是为结伴出行的人设计的便携式手电筒。由于人们出行时大多不会随身携带手电筒，但在野外，用到手电筒的机会很多，就会导致手电筒数量不够，于是OPEN-SHARE就有效地解决了这个问题。

如"盲人音乐播放器"主题的设计说明：该产品以盲人为目标

图5-18 设计主题书写案例

人群，以指纹识别作为主要操作方式，根据指纹的独特性，把播放器的五个功能附加在五个手指上，只需轻轻一点，便可以轻松启动相应的功能。这种操作方式同样适合普通人群，以此来减弱盲人产品受歧视感，也将该设计转化成通用设计，成为大众使用的产品。

如"基于嘉兴城市文化的广告灯箱设计"主题的设计说明：将能反映嘉兴城市文化的典型物质——南湖船、窗棂纹样、飞檐及浪花四种具有代表性的元素融入到灯箱的造型之中，让嘉兴的街道散发出雅致而清新的文化魅力，以表达嘉兴悠久的红色革命历史和浓厚的江南水乡风格。

如"多功能救援运输担架"主题的设计说明：灾后的救援争分夺秒，因此针对灾后地形复杂、救援物资伤员运输不便的现象，设计拥有抬、推、拉、背四种功能的担架，将会大大提高救援效率。

2）设计说明的书写规范。在书写的时候，尽可能写得整齐，时刻注意这也是画面的一部分，如果做不到锦上添花，也避免画蛇添足。设计说明这段文字可以弥补画面较空的部分，起到平衡画面的作用。

如图5-19所示，书写时，每一行的第一个字对齐。如果是一段话，采用如图5-19（a）示例；如果是多段话，采用5-19（b）图示例。多段书写设计说明，每段前的符号可以自行设计，目的除了使得每段对齐外，还有容易阅读的好处。

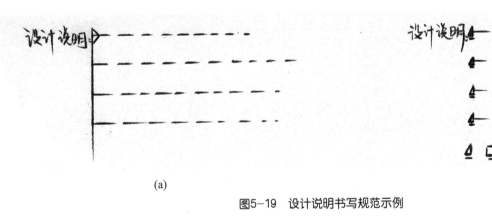

(a)　　　　　　　　　　　　　　　　　(b)

图5-19　设计说明书写规范示例

3.结合平面软件对设计草图线稿进行处理

设计草图定案后可以将草图结合平面软件（如Photoshop、Painter等）进行计算机辅助处理。

（1）线稿着色处理。手绘线稿后，可以将线稿扫描，运用Photoshop等平面软件进行着色渲染；也可以应用手绘屏、手绘板直接绘制线稿，随后作草图的色彩、材质、肌理、纹样处理。

（2）使用场景处理。将与设计方案相关的图片（或自行绘制场景图片）作为背景，淡化图片，使之仅仅成为辅助说明产品功能或者渲染产品的使用场景。不但突出了产品特征，而且快捷、有效地表明了产品的使用场合。

（3）人物图形处理。在设计草图中，不可避免地出现人物使用产品的图形。人物图形怎么产生呢？是在网络上下载相近的动作图形吗？实际中很难找到理想的图片。

那么，怎么做呢？自己模仿产品使用的动作，拍成照片，然后描绘人物的轮廓，用轮廓线图表现使用产品的动作。应用人物的轮廓线图作辅助图比用实际的人物图片更好，因为实际的人物图片在整个设计草图中会显得突兀。如人的头部，用概括的线条表现头部轮廓即可，如图5-20所示。

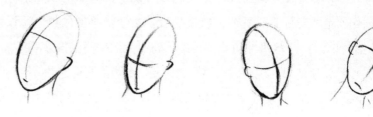

图5-20　人物头部线条简图

人物图形还可以用人物简图表示，只要表示出人物的大体形态即可，不用写实的人物图。如图5-21所示的火柴人图。

图5-21　人物动作简图

4.设计草图示例分析

示例1：蒸汽洗衣机设计方案草图。

针对蒸汽洗衣机，先对整体形态、蒸汽喷头、操作把手等进行设计推敲，如图5-22、图5-23所示。经过筛选，将最终设计方案进行整理，手绘展版如图5-24所示。该款洗衣机是利用蒸汽对衣物进行清洗的新型洗衣产品。比较脏的衣服可以放入洗衣仓来清洗，不太脏的衣服可以悬挂起来，利用蒸汽喷头清洗。喷头既可以清洗局部，也可以清洗全部，还能起到熨烫的效果。衣物清理后，还可以挂起来，进行晾晒。蒸汽有消毒杀菌的作用，使得衣物更加清洁、卫生。

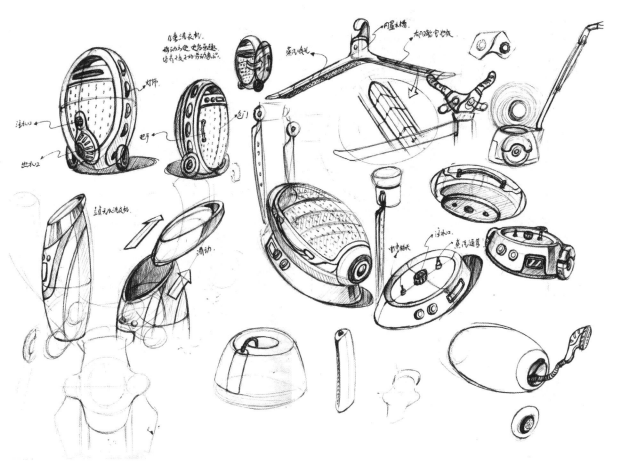

图 5-22　蒸汽洗衣机设计草图1（嘉兴学院　工设092　王飞）

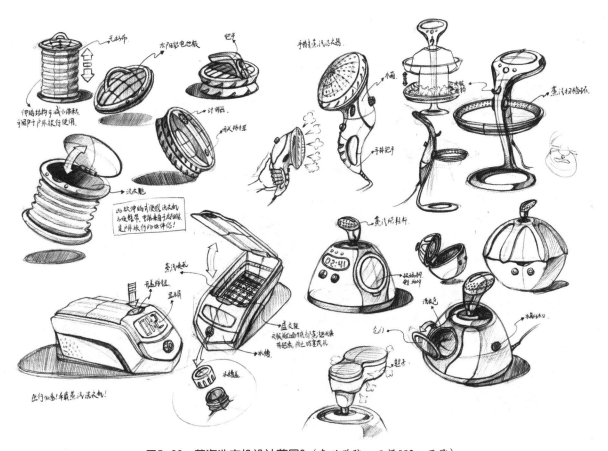

图5-23　蒸汽洗衣机设计草图2（嘉兴学院　工设092　王飞）

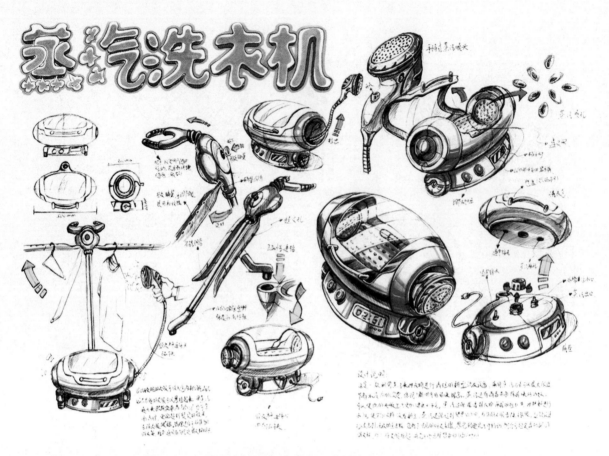

图5-24　蒸汽洗衣机最终设计图（嘉兴学院　工设092　王飞）

如图5-25所示，图中红色圈中：产品整体透视图。

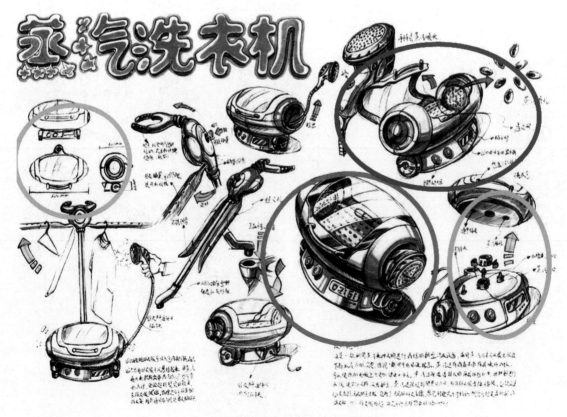

图5-25　蒸汽洗衣机最终设计图简评

蓝色圈中：洗衣仓打开状态图，局部放大蒸汽孔。

绿色圈中：洗衣仓与底座之间的结构图。

湖蓝色圈中：产品三视图，表现产品外观尺寸。

其余部分为产品使用方式展示图。

从图5-22至图5-24可以看出，在设计草图过程中，设计者对产品细节、功能进行了推敲，对比，最后得出的设计方案才能对产品的造型、色彩、使用方式、重要结构表达得足够仔细。草图在黑色圆珠笔线稿基础上，应用马克笔着色，表现技法娴熟。但是，如果画面稍微留些空隙，就不会显得有拥挤感。

示例2：Sky相机包设计草图。

如图5-26所示，Sky相机包设计草图是一款相机包的课堂设计草图练习。设计新意不多，但从设计版面表现来看，依然具有可取之处。产品采用蓝色作为主色调，由蓝色联想到天空，再由天空联想到飞翔，最后将设计草图命名为Sky相机包。草图应用马克笔表现，笔法娴熟。整体版面右下角偏空，若将签名部分进行字体设计，与主题部分相呼应，即可弥补这一缺点。

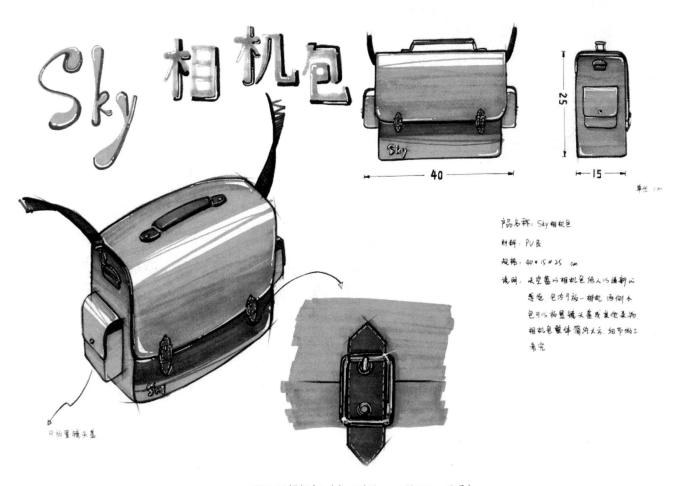

图5-26相机包（嘉兴学院　工设121　吴易）

119

示例3：男士包设计。

如图5-27所示，男士包设计草图设计新意不多，但从设计版面表现分析，有如下特点：整体版面设计详略得当，主次分明。版面主图是产品整体透视图，在黑色彩铅的基础上应用马克笔着色处理，很好地表现出棕色皮革材质感。版面中间的三个线条图，表现产品的不同视角、不同状态。图形线条肯定、有力，体现男士用户的性格特点。版面左下角，表现产品的外观尺寸。版面右下角部分，写设计说明和设计主题。该方案意在为短途外出的男士设计，所以命名为Travel。设计主题的色彩与画面主图一致，做到整体色彩统一处理。

图5-27　男士包设计草图（嘉兴学院　工设121　常瑞雪）

其他设计草图如图5-28至图5-34所示。

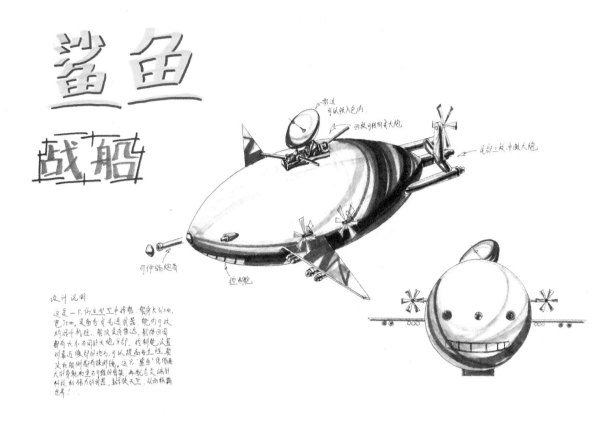

图5-28 鲨鱼战船概念设计草图（嘉兴学院 工设092 王飞）

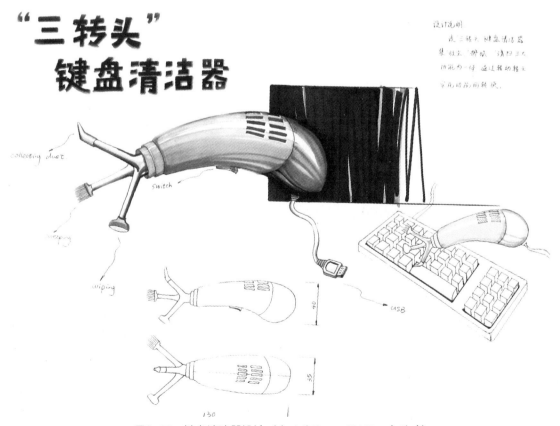

图5-29 键盘清洁器设计（嘉兴学院 工设102 金聪琪）

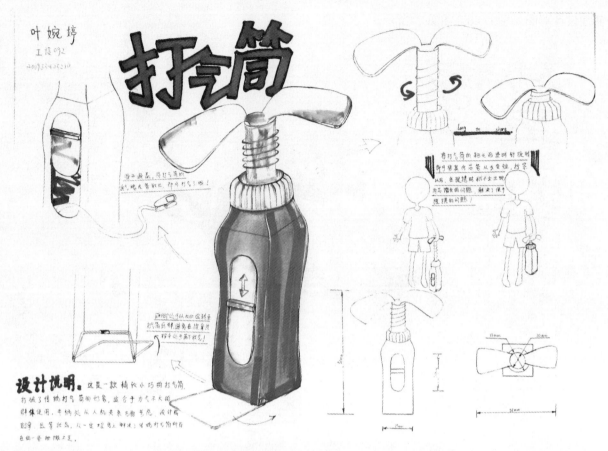

图5-30　打气筒设计草图（嘉兴学院　工设092　叶婉婷）

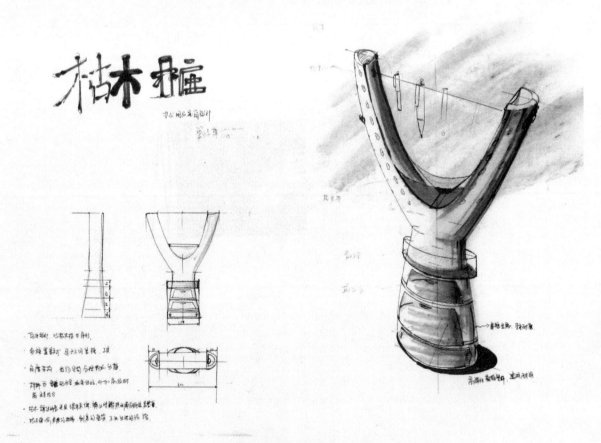

图5-31　枯木桩——办公用品笔筒设计草图（嘉兴学院　工设081　刘赢）

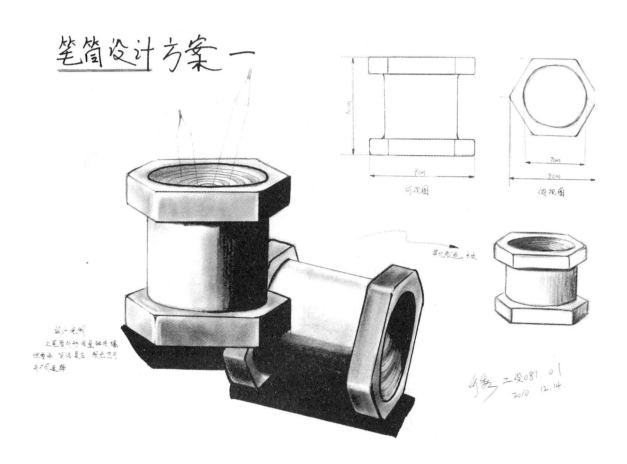

图5-32 笔筒设计草图（嘉兴学院 工设081 何秀）

图5-33 剃须刀设计草图（嘉兴学院 工设092 张浙峰）

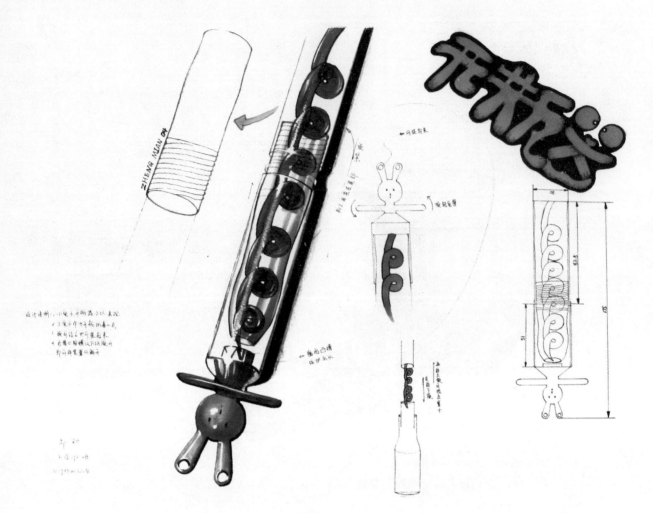

图5-34 开瓶器设计草图（嘉兴学院 工设092 郑勉）

5. 产品设计知识的储备及应用

设计草图创意过程不仅仅是绘图的过程，更重要的是对产品设计知识的综合处理过程，如产品的功能、结构、材料、制造工艺等；设计者的文化背景、对用户需求的了解等。手绘技法的水平决定着设计者的造型能力，但一个造型能力非常强的人若不了解产品设计的实质，其图面表达也只能停留在绘画的表达上。如在完成形态创新的同时，设计草图要注意从材料和加工工艺等方面考虑工程技术的可行性以及制造的成本，尽量避免出现工程技术完全不可能实现却付出天价创意的尴尬情况。如密度板，其加工方法有切割、钻孔等，不能做成曲面，如果对密度板的特性不了解，设计创意很可能实现不了。

对于学习设计草图的大部分人来说，不是一时兴起、有纸有笔就可以随心所欲地勾勒出自己想要的产品草图。在设计思考时，从人们的需求出发，发现人们在生活中遇到的问题，根据问题，找解决的办法，即从设计源点出发进行设计。如何做呢？简要归纳如下。

（1）收集经典设计案例。在如今的信息时代，获取经典设计案例的途径很多，如设计史中的名家名作、设计网站中的优秀设计、设计竞赛中的获奖作品等。多看经典设计案例以达到开阔设计视野，扩充设计信息的目的。在收集优秀设计案例的过程中，设计者会逐步提高自己的设计敏锐度。一个优秀的设计师应该很善于收集和接触新的设计作品，以不断更新自己头脑中的设计储备。然后通过不断的积累，将一些优秀的设计与自己的设计相结合。

交流也是收集我们设计灵感的一种很好的方式。在与不同的人群交流中，我们会学到和体会到更多的信息，这些信息很有可能会成为我们今后设计的创意来源。

（2）分类整理素材。优秀的产品创意很多，需要分类整理，在此基础上逐步建立自己的产品信息库。分类整理还可以对比每个创意的不同点，有利于归纳总结设计切入点。笔者建议在分类的基础上，最好总结出自己的体会或者做些简单的备注，以便回头查找资料的时候，不需要大海捞针。

（3）观察生活中的产品。观察生活中的产品，尽可能做到动手拆卸，画出产品的爆炸图，增加对产品结构的熟悉。同时触摸产品的材料，感受材料和加工工艺带来的效果。这样，在进行产品设计创意时，就有望作出产品的结构说明图，如爆炸图、剖视图等。同时，作为收集创作素材的手段，将对自己有启发的各类事物用手绘的形式记录下来，既巩固了手绘技能，又积累了设计创意要点。

日积月累、循序渐进，手脑协调，设计的草图才会具有一定的水平。

（4）汲取中国文化的营养。设计是为了不断改善人们需求的一种职业，是为了消费人群而生的职业。随着经济的增长，人们对设计的需求日益增加。中国文化博大精深，作为我们国内的设计师以及即将走上设计道路的学生们，在自己作品中继承和发扬我们中国的古老文化显得尤为重要，我们的继承不是单纯的模仿，而是通过在继承前人文明的基础上创作出新的设计。

小结：产品设计草图是设计创意中不可或缺的部分，在理解产品过程中学习产品设计草图，又在绘图中理解产品特征，进而循序渐进，既掌握一定的设计草图学习方法，又增加了对产品特征的思考，为设计创意草图打下坚实的基础。总之，平时积累设计素材，进行强化训练，抓住绘图要点，以产品设计知识带动设计草图的学习，学习目标会更加明确，设计草图表现会更加清晰，产品创意草图也会更加丰富。

参考文献

艾森（荷），斯特尔（荷）．产品设计手绘技法[M]．陈苏宁译．北京：中国青年出版社，2009．

曹学会，袁和法，秦吉安．产品设计草图与麦克笔技法[M]．北京：中国纺织出版社，2007．

林伟．设计表现技法[M]．北京：化学工业出版社，2006．

况宇翔．产品创意设计手绘[M]．南宁：广西美术出版社，2013

刘传凯．产品创意设计2[M]．北京：中国青年出版社，2008．

清水吉治（日）．产品设计效果图技法[M]．马卫星 编译．北京：北京理工大学出版社，2003．

涂永祥．产品设计绘图：铅笔速写[M]．北京：中国青年出版社，2006．

夏寸草，王自强．产品设计手绘表现技法[M]．上海：上海交大出版社，2011．

张克非．产品手绘效果图[M]．沈阳：辽宁美术出版社，2007．